Ein objektorientiertes Modell zur Abbildung
on Produktionsverbünden in Planungssystemen

Bei der Fakultät Konstruktions- und Fertigungstechnik
der Universität Stuttgart
zur Erlangung der Würde eines Doktor-Ingenieurs (Dr.-Ing.)
genehmigte Abhandlung

von Dipl.-Ing. Hans-Peter Laubscher
aus Mannheim

Hauptberichter: Prof. Dr.-Ing. habil. H.-J. Bullinger
Mitberichter: Prof. Dr.-Ing. A. Storr

Tag der Einreichung: 14. Februar 1996
Tag der mündlichen Prüfung: 12. September 1996

Hans-Peter Laubscher

Ein objektorientiertes Modell zur Abbildung von Produktionsverbünden in Planungssystemen

Mit 98 Abbildungen

Springer

Dr.-Ing. Hans-Peter Laubscher
Fraunhofer-Institut für Arbeitswirtschaft und Organisation (IAO), Stuttgart

Prof. Dr.-Ing. Dr. h. c. Dr.-Ing. E. h. H. J. Warnecke
o. Professor an der Universität Stuttgart
Fraunhofer-Institut für Produktionstechnik und Automatisierung (IPA), Stuttgart

Prof. Dr.-Ing. habil. Dr. h. c. H.-J. Bullinger
o. Professor an der Universität Stuttgart
Fraunhofer-Institut für Arbeitswirtschaft und Organisation (IAO), Stuttgart

D 93

ISBN-13: 978-3-540-63295-5   e-ISBN-13: 978-3-642-47904-5
DOI: 10.1007/ 978-3-642-47904-5

Geleitwort der Herausgeber

Über den Erfolg und das Bestehen von Unternehmen in einer markt-
wirtschaftlichen Ordnung entscheidet letztendlich der Absatzmarkt.
Das bedeutet, möglichst frühzeitig absatzmarktorientierte Anforderungen sowie deren Veränderungen zu erkennen und darauf zu reagie-
ren.

Neue Technologien und Werkstoffe ermöglichen neue Produkte und er-
öffnen neue Märkte. Die neuen Produktions- und Informationstechno-
logien verwandeln signifikant und nachhaltig unsere industrielle
Arbeitswelt. Politische und gesellschaftliche Veränderungen signa-
lisieren und begleiten dabei einen Wertewandel, der auch in unse-
ren Industriebetrieben deutlichen Niederschlag findet.

Die Aufgaben des Produktionsmanagements sind vielfältiger und an-
spruchsvoller geworden. Die Integration des europäischen Marktes,
die Globalisierung vieler Industrien, die zunehmende Innovations-
geschwindigkeit, die Entwicklung zur Freizeitgesellschaft und die
übergreifenden ökologischen und sozialen Probleme, zu deren Lösung
die Wirtschaft ihren Beitrag leisten muß, erfordern von den Füh-
rungskräften erweiterte Perspektiven und Antworten, die über den
Fokus traditionellen Produktionsmanagements deutlich hinausgehen.

Neue Formen der Arbeitsorganisation im indirekten und direkten
Bereich sind heute schon feste Bestandteile innovativer Unternehmen. Die Entkopplung der Arbeitszeit von der Betriebszeit, integrierte Planungsansätze sowie der Aufbau dezentraler Strukturen
sind nur einige der Konzepte, die die aktuellen Entwicklungsrich-
tungen kennzeichnen. Erfreulich ist der Trend, immer mehr den Menschen in den Mittelpunkt der Arbeitsgestaltung zu stellen - die
traditionell eher technokratisch akzentuierten Ansätze weichen einer stärkeren Human- und Organisationsorientierung. Qualifizie-
rungsprogramme, Training und andere Formen der Mitarbeiterent-
wicklung gewinnen als Differenzierungsmerkmal und als Zukunftsin-
vestition in *Human Recources* an strategischer Bedeutung.

Von wissenschaftlicher Seite muß dieses Bemühen durch die Entwicklung von Methoden und Vorgehensweisen zur systematischen
Analyse und Verbesserung des Systems Produktionsbetrieb einschließlich der erforderlichen Dienstleistungsfunktionen unter-
stützt werden. Die Ingenieure sind hier gefordert, in enger Zusammenarbeit mit anderen Disziplinen, z.B. der Informatik, der Wirt-
schaftswissenschaften und der Arbeitswissenschaft, Lösungen zu erarbeiten, die den veränderten Randbedingungen Rechnung tragen.

Die von den Herausgebern geleiteten Institute, das

- Institut für Industrielle Fertigung und Fabrikbetrieb der
  Universität Stuttgart (IFF),

- Institut für Arbeitswissenschaft und Technologiemanagement (IAT)

- Fraunhofer-Institut für Produktionstechnik und Automatisierung
  (IPA),

- Fraunhofer-Institut für Arbeitswirtschaft und Organisation (IAO)

arbeiten in grundlegender und angewandter Forschung intensiv an
den oben aufgezeigten Entwicklungen mit. Die Ausstattung der
Labors und die Qualifikation der Mitarbeiter haben bereits in der
Vergangenheit zu Forschungsergebnissen geführt, die für die Praxis
von großem Wert waren. Zur Umsetzung gewonnener Erkenntnisse wird
die Schriftenreihe "IPA-IAO - Forschung und Praxis" herausgegeben.
Der vorliegende Band setzt diese Reihe fort. Eine Übersicht über
bisher erschienene Titel wird am Schluß dieses Buches gegeben.

Dem Verfasser sei für die geleistete Arbeit gedankt, dem Springer-
Verlag für die Aufnahme dieser Schriftenreihe in seine Angebots-
palette und der Druckerei für saubere und zügige Ausführung. Möge
das Buch von der Fachwelt gut aufgenommen werden.

                        H.J. Warnecke   H.-J. Bullinger

Vorwort

Die vorliegende Arbeit entstand während meiner Tätigkeit als wissenschaftlicher Mitarbeiter am Institut für Arbeitswissenschaft und Technologiemanagement (IAT) der Universität Stuttgart und am Fraunhofer Institut für Arbeitswirtschaft und Organisation (IAO), Stuttgart. Sie wurde durch die Europäische Union im Forschungsprogramm ESPRIT innerhalb des Projektes DISCO gefördert.

Herrn Prof. Dr.-Ing. habil. H.-J. Bullinger, geschäftsführender Direktor des Instituts für Arbeitswissenschaft und Technologiemanagement (IAT) der Universität Stuttgart sowie Leiter des Fraunhofer Instituts für Arbeitswirtschaft und Organisation (IAO), gilt mein besonderer Dank für seine wohlwollende Unterstützung und Förderung der Arbeit.

Herrn Prof. Dr.-Ing. A. Storr, stellvertretender Direktor des Instituts für Steuerungstechnik der Werkzeugmaschinen und Fertigungseinrichtungen (ISW) der Universität Stuttgart, danke ich sehr für die Übernahme des Mitberichts, seine eingehende Durchsicht der Arbeit und die sich daraus ergebenden Verbesserungsvorschläge.

Stellvertretend für alle Kolleginnen und Kollegen des IAT und IAO, die mir durch kritische Diskussionen und Anregungen bei der Erarbeitung der Dissertation geholfen haben, danke ich Herrn Dr. T. Otterbein. Herrn Dr. K.-P. Fähnrich gilt mein besonderer Dank für seine genaue Durchsicht der Arbeit und die konstruktive Kritik. Nicht vergessen möchte ich die Herren M. Klander, C. Le Bars und D. Bufka für die Unterstützung bei der Umsetzung des Modells. Ebenso gilt mein Dank dem gesamten „DISCO-Team". Stellvertretend möchte ich hier die Herren Bel und Perona nennen, die zu vielen interessanten Diskussionen beigetragen haben. Nicht zu vergessen Herrn Dr. M. Kroneberg, der nicht nur durch die Initiierung des Projekts den Grundstein für die Arbeit legte.

Schließlich möchte ich mich herzlich bei Frau G. Hahn bedanken, die auf einige gemeinsame Urlaubstage verzichten mußte und mit Geduld zum Gelingen der Arbeit beitrug. Meinen Eltern danke ich für die Aufgeschlossenheit. Meine Gedanken sind nach erfolgreichem Abschluß der Arbeit insbesondere bei meinem Vater, der die Erstellung der Arbeit durch vielerlei Fragen intensiv begleitet hat. Ihm möchte ich die Arbeit widmen.

Stuttgart, im Herbst 1996   Hans-Peter Laubscher

Inhaltsverzeichnis

Begriffs- und Abkürzungsverzeichnis

Aggregation	Die Aggregation ist die gerichtete Beziehungsmenge zwischen Klassen. Instanzen, die die einzelnen Komponenten repräsentieren, werden mit der Instanz assoziiert, die das gesamte Aggregat repräsentiert.
AP	Arbeitsplan.
Arbeitsplan	Ein Arbeitsplan ist die auftragsunabhängige Beschreibung eines Arbeitsgangs für die Herstellung eines Produkts o.a.
Assoziation	Eine Assoziation ist eine Beziehungsmenge zwischen Klassen. Sie ist inhärent bidirektional und modelliert die Menge der Beziehungen zwischen einzelnen Instanzen der beteiligten Klassen.
BOM	Bill of Material $\hat{=}$ Stückliste. Ein Begriff, den die Hersteller eines Produkts verwenden, um eine Komponente als Liste von Unterkomponenten darzustellen.
C++	Eine objektorientierte Programmiersprache, die in den frühen 80 er Jahren entwickelt wurde. C++ ist eine „hybride" Sprache, deren objektorientierte Bestandteile auf eine existierende Sprache (C) aufsetzen.
CASE	Computer Aided Software Engineering $\hat{=}$ computerunterstützte Software-Entwicklung, die den ingenieurmäßigen Entwurf erlaubt und die Automatisierung und Unterstützung bei der Programmierung von Software-Systemen ermöglicht.
CFD	Control Flow Diagram $\hat{=}$ Kontrollflußdiagramm.
CIM	Computer Integrated Manufacturing.
CIM OSA	CIM Open Systems Architecture.
CUA	Common User Access.
d	Tag.
D	Zeitdauer.
DBMS	Datenbank Management System.
DBV	Dauerberechnungsverfahren.
DD	Data Dictionary.
DFD	Data Flow Diagram $\hat{=}$ Datenflußdiagramm.
DIN	Deutsches Institut für Normung.

DV	Datenverarbeitung.
ERM	Entity Relationship Modell.
ESPRIT	European Strategy Program for Information Technology.
EXPRESS	ESPRESS ist eine graphische (EXPRESS-G) und textuelle (EXPRESS) Sprache zur Spezifikation von Informationsmodellen, die im Rahmen der Arbeiten zum Produktmodell STEP entwickelt wurde.
FAZ	Frühester Anfangszeitpunkt.
FEZ	Frühester Endezeitpunkt.
FIKS	Fertigungsinformations- und Kommunikationssystem.
GRITplus	User Interface Management System auf Basis eines C++ - Klassensystems.
HTML	HyperText Markup Language.
ICAM	Informationmodel for Computer Added Manufacturing.
IDM	Integriertes Datenmodell.
IM-FST	Informationsmodell der Fertigungssteuerung.
IUM	Integriertes Unternehmensmodell.
ISO	International Standard Organisation.
KANBAN	Fertigungssteuerungsverfahren nach dem „Pull-Prinzip".
Klasse	Eine „Schablone" für die Definition der Methoden und Attribute für einen bestimmten Objekt-Typ. Alle Objekte einer bestimmten Klasse sind in ihrem Aussehen und ihrem Verhalten gleich, ihre Attribute enthalten jedoch unterschiedliche Werte.
Kommunikation	Kommunikation ist eine gerichtete Beziehung zwischen zwei Objekten, wobei ein Objekt als Sender auftritt und die Dienste eines anderen Objekts, das als Empfänger auftritt, in Anspruch nimmt.
$\dot{M}$	Mengenstrom.
M	Menge.
Methode	Eine Prozedur, die in einem Objekt vereinbart ist, und die anderen Objekten zur Verfügung gestellt wird, damit diese die Dienste des Objekts in Anspruch nehmen können. Die häufigste Kommunikation zwischen Objekten findet über Methoden statt.

MIWPD	Abkürzung für die Klasse *MutableInputWorkplanDemand* $\triangleq$ Veränderlicher Eingangs-Arbeitsplan-Bedarf.
MOWPD	Abkürzung für die Klasse *MutableOutputWorkplanDemand* $\triangleq$ Veränderlicher Ausgangs-Arbeitsplan-Bedarf.
Nachricht	Ein Signal von einem Objekt an ein anderes, das das Empfänger-Objekt auffordert, eine seiner Methoden auszuführen. -> Kommunikation
NP	Nicht-Polynomial.
Objekt	Eine Menge zueinander in Beziehung stehender Daten in Form von Attributen und Methoden für die Verarbeitung dieser Daten.
ODBMS	Objekt-Datenbank Managementsystem.
OMG	Object Management Group.
oo	objektorientiert.
OO	Objektorientierung.
OOA	Objektorientierte Analyse.
OOD	Objektorientiertes Design.
OODB	Objektorientierte Datenbank.
PPS	Produktionsplanung und -steuerung.
QISU	„Quantity In Standard Unit" $\triangleq$ Eine Menge einer Ressource angegeben in einer Standard-Einheit.
RDB	Relationale Datenbank.
S	Strecke.
SADT	Structured Analysis and Design Technology.
SAZ	Spätester Anfangszeitpunkt.
SE	Software Engineering.
SEZ	Spätester Endezeitpunkt.
SIWPD	Abkürzung für die Klasse *SingularInputWorkplanDemand* $\triangleq$ Singularer Eingangs-Arbeitsplan-Bedarf.
SOWPD	Abkürzung für die Klasse *SingularOutputWorkplanDemand* $\triangleq$ Singularer Ausgangs-Arbeitsplan-Bedarf.
STEP	Standard for the Exchange of Product Model Data.

STPM	State Transition Process Model.
SW	Software.
SWPD	Abkürzung für die Klasse *ServiceWPDemand* $\hat{=}$ Service-Arbeitsplan-Bedarf.
Δt	Zeitdifferenz.
t	Zeit.
TOC	Task-Object Chart. Methode zur Beschreibung dynamischer Zusammenhänge von Objekten durch die Verwendung objektorientierter Notationen und Zustandsübergangsdiagramme.
UI	User Interface $\hat{=}$ Benutzungsoberfläche.
UIMS	User Interface Management System.
Vererbung	Vererbung ist die gerichtete Beziehung zwischen Klassen, wobei eine Unterklasse die Attribute und Operationen von einer Oberklasse übernimmt.
WIP	Work in Progress $\hat{=}$ Materialbestand in der Fertigung.
WP	Abkürzung für die Klasse *Workplan* $\hat{=}$ -> Arbeitsplan.

1. Einleitung

Wirtschaftliche Zwänge im KFZ-Gewerbe, im Maschinenbau oder in der Elektronikbranche erfordern eine Verringerung der Kosten und schnellere Reaktion auf einen sich ständig ändernden Markt. Ein Ansatzpunkt bietet sich in der Zusammenarbeit mehrerer Werke in Form von Produktionsverbünden (HALLMANN /60/). Unternehmen, die über mehrere Standorte hinweg sowohl alternative, als auch sich ergänzende Produktionsmöglichkeiten aufweisen, müssen das Zusammenspiel der Werke planen.

Produktionsverbünde verfügen über eine verteilte Lagerhaltung verbunden mit der Aufgabe, den Transport zwischen den Werken oder Werkstätten zu koordinieren (vgl. AEG et al. /3/). „Für die Koordination dieser parallel ablaufenden Vorgänge ... ist es notwendig, ein System zur Planung, Steuerung und Überwachung des Gesamtprozesses einzusetzen" (BULLINGER et al. /22/). Ein unternehmensweites Informationssystem kann zu einer wesentlichen Beschleunigung und qualitativen Verbesserung der Auftragsabwicklung in Produktionsverbünden führen.

Anforderungen aus dem Bereich der Auftragsabwicklung werden der Produktionsplanung und -steuerung (PPS) zugeordnet. Die PPS erfordert somit einen globalen Logistikansatz, wodurch eine hohe Fertigungsflexibilität unter Ausnutzung vorhandener Alternativen in der logistischen Kette bis hin zur synchronisierten Verwendung der in den Unternehmen verfügbaren Produktionskapazitäten ermöglicht werden soll (SEMMELROGGEN/117/).

Die Berücksichtigung neuer Anforderungen ist nicht nur eine Frage des Standardleistungsumfangs von Planungssystemen, sondern immer häufiger eine Frage der Werkzeuge zu ihrer Erstellung (GRÜNEWALD et al. /54/) und dem zugrundeliegenden Modell. Neue Anforderungen an PPS führen deshalb zu einer Diskussion um neue Architekturen und Standardisierungen bis hin zum Einsatz objektorientierter Technologien (SCHEER /110/, DIN /36/, STRICKERT /121/).

In der vorliegenden Arbeit wird ein Modell zur Abbildung von Produktionsverbünden im operativen Bereich der Produktionsplanung erarbeitet. Ausgehend von dem von OTTERBEIN /96/ vorgeschlagenen objektorientierten Modell der Fertigung wird das objektorientierte Design zur Darstellung generischer Arbeitsplanmodelle des Produktionsprozesses in Produktionsverbünden entwickelt und in einem Anwendungsbeispiel evaluiert.

2. Zielsetzung und Vorgehensweise

Ziel der Arbeit ist die Entwicklung eines objektorientierten Modells von Arbeitsplänen, Ressourcen und deren Verhalten bei der Planung von Produktionsverbünden in Unternehmen und dessen prototypische Implementierung. Das Modell soll, auf einem objektorientierten Kernsystem aufbauend, Basismechanismen abdecken, die zur Beschreibung des Planungsprozesses von Produktionsverbünden notwendig sind.

Neben der Abbildung alternativer Produktionsmöglichkeiten werden Aspekte der Lagerhaltung modelliert sowie die in einem Produktionsverbund signifikanten Transportbeziehungen mit geeigneten Mitteln dargestellt. Hierbei spielen insbesondere Fragen nach der Kapazität von Lager und von Transportmitteln eine Rolle. Die innerbetriebliche Planung von Transporten, Splitten von Ressourcen und Kommissionieren von Aufträgen sowie das Lagern von Gütern sind notwendige Aufgaben, die von einem Koordinationsinstrument abzudecken sind. Diese werden durch ein uniformes Beschreibungsschema abgebildet.

In der Arbeit werden Objekte allgemein beschrieben, um betriebsspezifischen Anforderungen gegenüber flexibel zu sein. Es wird somit vermieden, daß die Erfüllung prozeß-, produkt- und auftragsspezifischer Aufgaben durch das Modell eingeschränkt wird.

Die Einzelschritte sind dabei:

1. Aufarbeitung vom Stand des Wissens bzgl. Modellen zur Planung von Produktionsverbünden;
2. Entwicklung von Modellkonstrukten für Arbeitspläne zur Planung von Produktionsverbünden;
3. Beschreibung von Arbeitsplänen mit den Modellkonstrukten;
4. Aufbau von Verfahren für die Planung der Produktion, von Transporten und der Lagerhaltung innerhalb von Produktionsverbünden;
5. Prototypische Erprobung des Modells durch die Implementierung wesentlicher Objekte eines Systems zur Planung von Produktionsverbünden;
6. Aufzeigen weiterer Entwicklungsbereiche im Bereich der Planung von Produktionsverbünden.

Die Vorgehensweise ist in Abb. 2-1 dargestellt.

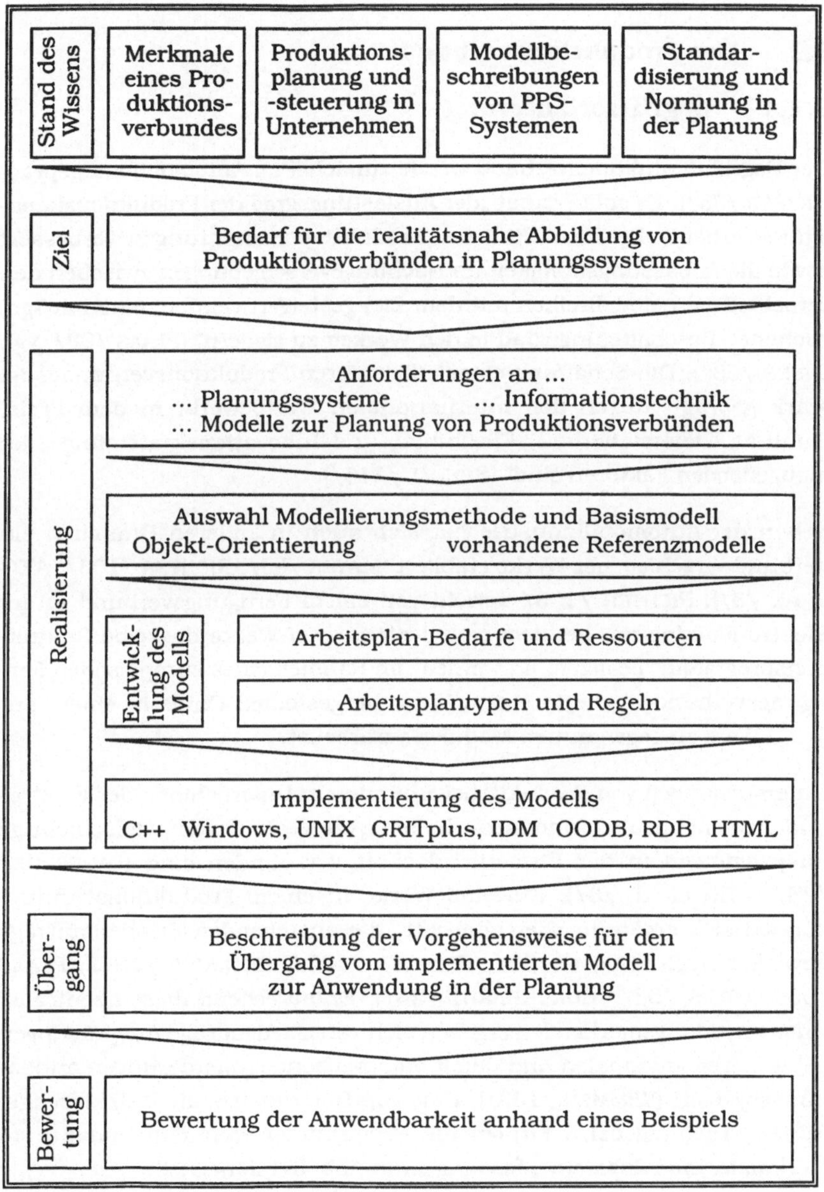

Abb. 2-1   Vorgehensweise

3. Problemstellung und Stand des Wissens

3.1 Der Produktionsverbund

3.1.1 Begriffserläuterung

Der Begriff Produktionsverbund wurde zunächst im Automobilbau geprägt (NIEFER /93/). Es sollte damit „der Auslastungsgrad der Produktionskapazitäten erhöht, die Flexibilität der Produktionseinrichtungen verbessert sowie die Anpassungsfähigkeit an Nachfrageverschiebungen zwischen den verschiedenen Modellreihen mit dem Ziel gesteigert werden, einen ausgeglichenen Beschäftigungsgrad in den Werken zu sichern" (PLAAS /98/, vgl. GRIES /53/). Die Schaffung eines effizienteren Produktionsverbundes ist stark geprägt „durch den internationalen Wettbewerb, in dem Preis, Qualität, Liefersicherheit, Flexibilität und Innovationskraft einige der maßgebenden Faktoren sind" (SCHOLL /115/).

Neben der Automobilindustrie hat sich auch in anderen Branchen ein Verbund verschiedener Werke etabliert (MAYER /83/, RICHTER /103/, AEG et al. /3/). RICHTER /103/ spricht von einem Fertigungsverbund in der Elektronikindustrie, bei dem „mindestens zwei Werke dasselbe Produktionsprogramm" besitzen. Es werden „im Rahmen eines europäischen Fertigungsverbundes" die in einem Werk hergestellten Chips in einem anderen Werk zu sogenannten Modulen verarbeitet.

Untersuchungen von Produktionsverbünden in Unternehmen der Elektro- und Automobilzulieferindustrie haben gezeigt, daß sehr vielschichtige Ausprägungen in der Firmenlandschaft vorzufinden sind (LAUBSCHER /78/, AEG et al. /3/). Einzelne Werke in einem Produktionsverbund können sich ergänzen oder alternativ die anstehenden Kundenaufträge abwickeln (vgl. MORITO /89/, RICHTER /103/, ZEILINGER /137/, PLAAS /98/, GRIES /53/, BURCKHARDT /24/). Entsprechend diesen zentralen Unterscheidungsmerkmalen ergeben sich verschiedenartige Ausprägungen bei weiteren Merkmalen und damit entsprechende Anforderungen an Planungssysteme (WIMMER /133/). Eine von BULLINGER et al. /20/ durchgeführte Erhebung bei 5 Firmen mit Produktionsverbünden umfaßte 44 Merkmale. Eine Zusammenfassung ist in Abb. 3-1 dargestellt.

Durch verteilte Lagerhaltung und durch ein signifikantes Transportaufkommen in Produktionsverbünden kann das in „konventionellen" Fertigungen vorhandene Maschinenbelegungsproblem nicht direkt übernommen werden.

Gründe für einen Produktionsverbund	Profitcenter-Gedanke	Kunden-nähe	Verteilung von Streik-risiken	Lieferservice
Produktspektrum	Produkte nach Kunden-spezifikation	Strdprod. m. kunden-spez. Var.	Standard-produkte mit Varianten	Standard-produkte ohne Varianten
Anzahl der Werke mit — ergänzender Produktion	0	2	3 - 4	≥ 5
Anzahl der Werke mit — alternativer Produktion	0	2	3 - 4	≥ 5
Ebene der Produktions- — ergänzungen	Endprodukt	Montage-gruppe	Komponenten	keine
Ebene der Produktions- — alternativen	Endprodukt	Montage-gruppe	Komponenten	keine
Strecke S zwischen den Werken in km	$S \leq 100$	$100 < S \leq 500$		$S \geq 500$
Transportzeit t zwischen den Werken	$t \leq 12\,h$	$12\,h < t \leq 24\,h$		$t \geq 48\,h$
Material-flußrichtung — gleiches Produkt in Werken	—	unidirektional		multidirektional
Material-flußrichtung — verschiedene Produkte in Werken	—	unidirektional		multidirektional
Lagerverteilung	auf jeder Fertigungs-ebene	nicht auf jeder Ferti-gungsebene	in jedem Werk	nur in bestimmten Werken
Auftragsänderungen bzgl. — Liefertermin t in Tagen	$\Delta t < \pm 1$	$\pm 1 \leq \Delta t < \pm 3$	$\pm 3 \leq \Delta t < \pm 7$	$\Delta t \geq 7$
Auftragsänderungen bzgl. — Auftragsmenge M in %	$\Delta M \geq \pm 30$	$\pm 20 < \Delta M \leq \pm 30$	$\pm 10 < \Delta M \leq \pm 20$	$\Delta M < \pm 10$
Letzte Auftragsänderungen vor Liefertermin t	$t > 2\,w$	$1\,w < t \leq 2\,w$	$1\,d < t \leq 7\,d$	$t \leq 24\,h$
Entscheidungskriterien für Auftragsallokation	Kosten	Auslastung	Kunden-service	Technolo-gische Belange
Relevante Kosten für Entscheidung	Produktions-kosten	Transport-kosten	Lager-kosten	Konventional-strafen

Legende: ▨ vorgefundene Ausprägungen   ▭ nicht abgedeckte Ausprägungen   M ... Menge   d ... Tag   h ... Stunde   w ... Woche

Abb. 3-1   Fallstudien einiger Produktionsverbünde im zusammenfassenden Überblick

Die Definition der Belegungsplanung nach CASAVANT et al. /26/ gibt einen Hinweis auf mögliche Ansatzpunkte für eine begriffliche Erweiterung. Die Belegungsplanung bezeichnet er als einen Vorgang, der Verbraucher gemäß einer Verteilstrategie effizient und effektiv auf Ressourcen verteilt. In der Fertigung entsprechen die Aufträge den Verbrauchern, die Maschinen und Materialien den Ressourcen und z.B. der Wunsch nach einer kostenoptimalen Betriebsmittelauslastung der Verteilstrategie. Eine Erweiterung des verbreiteten Maschinenbelegungsproblems für die Anwendung in Produktionsverbünden findet sich bei SCHMIDT /113/ und BINNER /12/. Es lassen sich drei Belegungsarten und damit verbundene Auftragsarten in Produktionsverbünden unterscheiden:

- Produktionsaufträge, welche die Fertigung eines Teils als wesentliches Element beinhalten;
- Lageraufträge für die Einlagerung bzw. Entnahme von Ressourcen;
- Transportaufträge, die einen Ortswechsel an Ressourcen beschreiben.

Ein Produktionsverbund unterscheidet sich somit durch das im Rahmen der Planung zu berücksichtigende Zusammenwirken unterschiedlicher Belegungsplanungsinhalte von „einfachen" Werkstattsteuerungen oder auf einen Produktionsstandort beschränkte Firmen.

3.1.2 Ziele und Potentiale von Produktionsverbünden

Produktionsverbünde erzielen in der Regel eine höhere Produktivität als eine Gruppe unabhängig geführter Einzelstandorte (SCHLONSKI et al. /112/). Dies führt zu einer Stärkung der Marktposition. BERTLING /11/ beschreibt die Konzentration bzw. Erweiterung von Produktionskapazitäten als gewichtiges Potential von Produktionsverbünden.

Alternativ und komplementär verknüpfte Auftragsarten bieten daher weitreichende Ansatzpunkte für eine optimierte Kundenbedarfsbefriedigung. Abb. 3-2 stellt den Einfluß alternativer und komplementärer Auftragsarten in Produktionsverbünden im Hinblick auf die Kundenbedarfsbefriedigung dar. Danach erlaubt erst die Betrachtung von Lager und Transport innerhalb der Planung eine schnelle Reaktion auf Kundenbedarfe.

Auftrags-verknüpfung / Auftragsart	Alternativ	Komplementär		
		Produktion	Lager	Transport
Produktion	◑	—	◑	○
Lager	●	◑	—	●
Transport	○	○	●	—
Reaktionsfähigkeit:	● kurz	◑ mittel	○ lang	

Abb. 3-2   Kennzeichen von Produktionsverbünden

„Alternativ" bedeutet, daß für die Bedarfsbefriedigung lediglich eine Auftragsart betrachtet werden muß, wohingegen bei „komplementärem" Verhalten mindestens zwei Auftragsarten zusammenwirken, um eine Bedarfsbefriedigung gewährleisten zu können.

Den Potentialen einer Produktion im Verbund stehen auch Herausforderungen gegenüber. Unterschätzt wird häufig der erforderliche Aufwand zur Koordination der Produktionen, d.h. Steuerung des Produktionsverbundes. Für die Erlangung der gewünschten Produktivitätsvorteile ist daher die „Sicherstellung eines Just-In-Time-Verbundes der Werke erforderlich" (BERTLING /11/). Bei einer zentralen Koordinierungsstelle lassen sich nach WILDEMANN /131/ Informations- und Transportkosten sowie unter Umständen die zu ordernde Menge reduzieren. Weiterhin sind die verschiedenen Markterfordernisse in den jeweiligen Abnehmerländern ausschlaggebend für häufig unterschiedliche Varianten.

3.2 Produktionsplanung und -steuerung in Unternehmen

Nach AWF /8/ steht PPS für „den Einsatz rechnergestützter Systeme zur organisatorischen Planung, Steuerung und Überwachung der Produktionsabläufe von der Angebotsbearbeitung bis zum Versand unter Mengen-, Termin- und Kapazitätsaspekten". Für BEIER et al. /10/ verfügt die PPS über Mechanismen, welche aus einem grob terminierten Bedarf an selbst herzustellenden Bauteilen einen sich kontinuierlich verändernden terminierten Bestand an Aufträgen zur Herstellung entstehen läßt. In Produktionsverbünden sind jedoch nicht nur Produktionsaufträge, sondern auch Lager- und Transportaufträge zu betrachten (vgl. Kapitel 3.1).

3.2.1 Systeme zur Produktionsplanung und -steuerung

Unter einem System wird allgemein eine Gesamtheit von Elementen und deren gegenseitige Beziehungen verstanden, die einem bestimmten Zweck dient (ROOS /105/). Unter Informationssystemen werden im Zusammenhang mit der Produktionsplanung und -steuerung nicht nur arbeitssparende Werkzeuge verstanden. „Vielmehr sind es Kontroll- und Koordinationsinstrumente, die in die formale Struktur einer Organisation passen und das Erreichen der Geschäftsziele erleichtern sollen" (BUCHANAN /16/). Als PPS-System sind demnach Geräte und Verfahrensvorschriften zu verstehen, die der Erfüllung der PPS-Funktionen dienen.

Die PPS gliedert sich in zwei Hauptaufgabenbereiche: Produktionsplanung und Produktionssteuerung (AWF /8/, DORNINGER et al. /38/). Nach DIN /36/ hat die Produktionsplanung die Aufgabe, die Herstellung von Produkten in einem Unternehmen hinsichtlich Mengen, Terminen, Kapazitäten und Kosten zu planen und zu steuern. Die Produktionssteuerung hingegen umfaßt die kurzfristigen, dispositiven und operativen Funktionen. Dazu gehört die Auftragszusammenfassung, Verfügbarkeitsprüfung, Reihenfolgeplanung, Personalbelegung, Kapazitätsbelegung und Auftragsüberwachung (vgl. Abb. 3-3). Ein System zur Planung von Produktionsverbünden hat sich an diesem Rahmen zu orientieren.

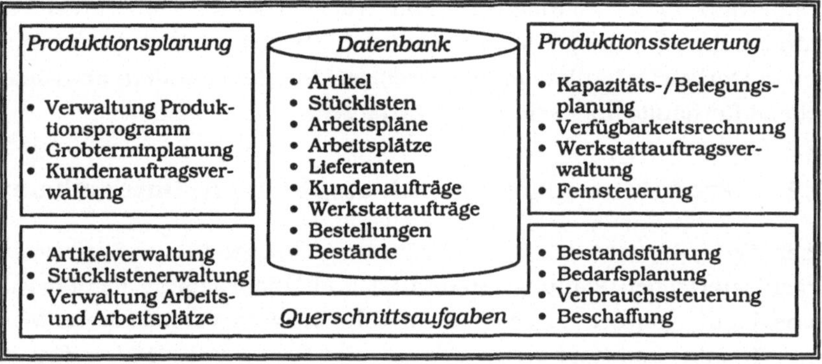

Abb. 3-3   Funktionen von Planungssystemen im Überblick

Erzeugnisstrukturen (Stücklisten) und Arbeitspläne bilden die zentrale Stammdatenbasis von Planungssystemen. Während Erzeugnisstrukturen das Mengengerüst für die Materialbedarfsplanung enthalten und somit einer statischen Sichtweise entsprechen, vermitteln Arbeitspläne eine dynamische Sichtweise der Produktion, in dem sie die Ausgangsdaten für die Terminierung der Aufträge und für die Belegung der Ressourcen bereitstellen (GÜNTER /58/, GRUPP /56/). Werden die den Erzeugnisaufbau beschreibenden Informationen und die in den Arbeitsplänen enthaltenen Detaillierungen zusammengeführt, so ergibt sich eine netzplanartige Darstellung des Produktionsgeschehens (AQUILANO et al. /7/, HARHALKIS /61/).

3.2.2   Logistik im Produktionsverbund

Als Querschnittsfunktion ist die Logistik das Bindeglied zwischen Einkauf, Produktion und Vertrieb. Sie reguliert und steuert die Materialversorgung und koordiniert die Material- und Informationsflüsse vom Beschaffungs-

- 29 -

markt quer durch die Unternehmung bis hin zum Absatzmarkt (N.N. /90/, vgl. WIMMER /133/).

Dies bedeutet, daß die Logistik trotz starker Bedarfsschwankungen eine garantierte Teileverfügbarkeit gegenüber den Bedarfsträgern und eine termingerechte Auslieferung der (End-)Produkte an den Kunden unter dem Primat unternehmerischer Wirtschaftlichkeit zu ermöglichen hat (STÜBIG /123/). Dabei wickelt die physische Logistik die Planung des gesamten Materialflusses inklusive Lager-, Behälter-, Transport- und Verkehrsplanung ab (PRETZSCH /100/, ROSENKÖTTER /106/). HÄRTNER /63/ beschreibt den Wandel der PPS als ein „Hin zu einem globalen Logistikansatz", wobei „die Produktion gekennzeichnet ist durch einen sich an Markt und Kosten orientierenden Wechsel in der Produktionsart". In Abb. 3-4 ist die Bedeutung der Planung von Transport, Lager und Produktion für verschiedene Produktionsverbund-Typen dargestellt. Eine Gegenüberstellung von Planungs- und Steuerungssystemen in bezug auf vorhandene bzw. notwendige Fähigkeiten im Rahmen logistischer Aufgaben und damit für den Einsatz in Produktionsverbünden ist in Abb. 3-5 dargestellt.

Bedeutung: ● zentral ◑ gering ○ ohne		Inhalt der Planung		
Ebene des Verbundes		Transport	Lager	Produktion
	innerhalb einer Werkstatt	○	○	●
	zwischen Werkstätten in einem Werk	◑	◑	●
	zwischen Werken in einem Unternehmen	●	●	◑
	zwischen Unternehmen	●	◑	◑

Abb 3-4   Bedeutung von Planungsinhalten für verschiedene Produktionsverbund-Typen

Eine von SCHOTTEN et al. /116/ durchgeführte Analyse bestätigt, daß nur ein geringer Prozentsatz vorhandener Planungssysteme über die Integration von Produktions-, Lager- und Transportplanung und damit über grundlegende Merkmale eines Systems zur Planung von Produktionsverbünden verfügt (vgl. Abb. 3-8). Häufig werden nur Lager- und Transportfunktionalitäten durch Schnittstellen zu eigenen oder fremden Modulen bereitgestellt. Die Folge ist, daß die der Planung zugrundliegenden Modelle voneinander abweichen, wodurch insbesondere Anpassungen und Änderungen erschwert werden und die Benutzerfreundlichkeit sinkt.

mgl. Merkmale		Werkstatt-steuerung	Lager-steuerung	Transport-steuerung	PPS kon-ventionell
Arbeitsplan	Produktion	●	○	○	●
Arbeitsplan	Lager	○	◐	○	◐
Arbeitsplan	Transport	◐	○	◐	◐
Planung	Produktion	●	○	○	●
Planung	Lager	○	◐	○	◐
Planung	Transport	◐	○	◐	○
Steuerung	Produktion	●	○	○	◐
Steuerung	Lager	○	●	○	○
Steuerung	Transport	○	○	●	○

Legende: ○ nicht vorhanden ◐ bedingt vorhanden ● vorhanden

Abb. 3-5   Gegenüberstellung von Planungs- und Steuerungssystemen

3.3   Modellbeschreibungen von Planungssystemen

Modellbeschreibungen der realen Anwendungswelt der Produktionsplanung stellen die Basis für die Entwicklung von Planungssystemen dar. Die folgenden Kapitel untersuchen die zur Verfügung stehenden Ansätze zur Modellierung von Planungssystemen.

In Kapitel 3.3.1 werden Methoden zur Modellierung von Planungssystemen vorgestellt. Das darauf folgende Kapitel beschreibt den Aspekt der Modellbildung unter Einsatz objektorientierter Methoden. Kapitel 3.3.3 streift den Bereich mathematischer Modelle, als Grundlage für die Aufstellung von Anforderungen an Planungssysteme von Produktionsverbünden. In Kapitel 3.3.4 werden schließlich wichtige Referenzmodelle der Produktionsplanung vorgestellt.

3.3.1   Modellierungsmethoden

Eine Modellierungsmethode ist im Kontext dieser Arbeit als ein Vorgehensprinzip zur Lösung von (Planungs-)aufgaben zu verstehen. Sie umfaßt Konstrukte und eine Vorgehensweise, die beschreibt, wie die Konstrukte wirkungsvoll bei der Modellbildung anzuwenden sind. Konstrukte umfassen nach SPUR et al. /119/ die Elemente einer Beschreibungssprache und die Verfahren für die Verknüpfung dieser Elemente. Einen Überblick über vorhandene und für diese Arbeit relevante Methoden zur

Modellierung von Planungssystemen nach MERTINS /85/ und MEYER /88/ erweitert um Methoden zur objektorientierten Modellierung gibt Abb. 3-6.

Legende: ● geeignet / vorhanden ◐ bedingt geeignet ◔ angekündigt ○ nicht geeignet / nicht vorhanden

Bewertungskriterien	SADT/IDEF	ISO	CIM OSA	GRAI	STEP	ERM	Petri-Netze	OO
abbildbare Eigenschaften								
Funktionen	●	●	●	◐	○	○	●	●
Daten	●	●	●	◐	●	●	◐	●
Objekte	○	○	○	○	○	○	○	●
Entscheidungen	○	○	◐	●	○	○	●	◐
Zeit	●	○	◔	◐	○	○	●	◐
Organisatorische Einheiten	○	○	◔	◐	○	○	○	●
Informationstechnische Systeme	●	●	●	◐	○	○	○	●
Produktionstechnische Systeme	●	●	●	◐	◐	○	○	●
Ressourcen	●	●	◐	○	●	○	○	●
Mächtigkeit — Mächtigkeit der Modellierungsmethode								
Einfachheit	●	●	◐	◐	◐	●	●	●
Strukturierung von Eigenschaften	●	○	●	○	●	●	○	●
Komposition / Dekomp.	●	◐	●	●	●	●	○	●
Klassifizierung / Vererbung	○	○	○	○	○	○	○	●
Hilfe in einzelnen M.phasen	●	○	◔	●	○	◐	○	●
formale Beschreibungsspr.	●	◐	◔	●	●	●	●	●
Anwendungsorientierung der Konstrukte	●	◐	●	●	●	○	○	●
Rekursion	●	●	●	●	○	●	○	●
Abbildung in CASE-Tools	●	○	◔	◔	◔	●	●	●
strukturiertes Vorgehen	●	○	◔	●	◐	●	◐	●
Mächtigkeit des Modells								
statisches Rahmenmodell	○	●	●	○	●	○	○	○
Unternehmensmodell	◐	◐	●	◐	○	◐	◐	○
Simulation	○	○	◔	○	○	○	●	◐
Auswertung der Modelle	○	○	○	○	○	○	●	●
Steuerung der Realität	○	○	◔	○	○	○	◐	●
Anwendungsbereich								
Unabhängigkeit von der Art des betrachteten Unternehmens	●	◐	●	●	●	●	●	●
Beschreibung von: Materialfluß	●	●	●	●	○	○	◐	●
Beschreibung von: Informationsfluß	●	◐	●	○	○	○	◐	●
Beschreibung von: Prozessen	●	◐	●	○	○	○	◐	◐
Beschreibung von: Kontrollfluß	●	◐	●	●	○	○	◐	◐
Datenmodellierung	○	○	◐	○	●	●	○	◐
Funktionsmodellierung	●	○	○	○	○	○	◐	◐
Objektmodellierung	○	○	○	○	○	○	○	●
Systemanalyse und SW-Entwurf	●	○	◐	○	○	●	○	●
CIM-Schnittstellennormung	○	◐	●	○	●	○	○	●

Abb. 3-6 Modellierungsmethoden (nach MERTINS /85/, MEYER /88/)

Von DUDEN /40/ wird ein Objekt als ein Gegenstand bezeichnet, „mit dem etwas geschieht oder geschehen soll". Objekte im Sinne des Software-Engineering (SE) sind hingegen als „Abstraktionen von Einheiten eines realen Systems zu verstehen" (MEYER /87/). Objekte werden durch eine Sammlung von Daten in Form von Attributen, sowie einer Menge an Methoden, mit deren Hilfe auf Daten zugegriffen werden kann, beschrieben. Jedes Objekt der Welt beschreibt somit sein modellierbares Verhalten und jedes enthält einige Informationen über seinen Zustand.

Die für die Spezifikation eines Planungssystems grundlegenden Elemente sind Daten und Funktionen, Organisationseinheiten, Unternehmensziele, informationstechnische Ressourcen und die wechselseitigen Beziehungen dieser Komponenten (ROOS /105/, SCHEER /111/). Die damit verbundenen Informationen fließen in die Beschreibung des Daten- bzw. Funktionsmodells ein. Allerdings sind derartige Informationsmodelle selten stabil. Vor allem der organisatorische Aufbau eines Unternehmens unterliegt Veränderungen, die auf die geforderte Funktionalität des Planungssystems Einfluß nehmen, so daß die Auflösung nach Funktionen anfällig gegen Veränderungen ist (COAD/YOURDON /29/).

In der Literatur sind nur sehr wenige (vollständige) Modelle für die Planung von Produktionsverbünden zu finden. Selbst Informationsmodelle aus dem direkten Bereich der PPS werden nur sehr selten beschrieben. Als einer der ersten Autoren auf diesem Gebiet schlägt SCHEER /111/ ein unternehmensweites Datenmodell vor. Allerdings sind in diesem Modell nicht alle für die moderne Software-Produktion notwendigen Informationen enthalten. Das Zusammenwirken der Daten im Sinne eines objektorientierten Modellansatzes, also die in der realen Welt vorkommenden Bestandteile, ihre Eigenschaften und wie sie miteinander kommunizieren, werden nicht widergespiegelt (OESTERREICH /95/).

3.3.2　Modellbildung und Objektorientierung

Die in Kapitel 3.3.1 vorgestellten Modellierungsmethoden bedienen sich mit einer Ausnahme Prinzipien hierarchischer bzw. relationaler Daten-Modelle. Während in hierarchischen Modellen komplexe Beziehungen zwischen einzelnen Datenelementen einfach darstellbar, aber wenig effizient zu modifizieren sind, erfordern relationale Modelle auf Seiten der Implementierung die prozedurale Ausgestaltung der Beziehungen. Derartigen Modellen stehen mit Hilfe der Objektorientierung erstellte Modelle gegenüber. Mit der objektorientierten Modellierung steht ein Ansatz zur Verfügung, der große Systeme ebensogut bewältigt wie kleine. Sie erlaubt zuverlässige Systeme zu entwickeln, die flexibel, wartbar und fähig sind, sich den stets wechselnden Anforderungen anzupassen. Allerdings stehen im Vergleich zu daten- oder funktionsorientierten Modellen im Bereich der Planung bislang erst sehr wenige objektorientierte zur Verfügung (vgl. Abb. 3-7).

3.3.3   Mathematische Modelle

Den aus Sicht des Software-Engineering-Prozeß heraus entwickelten Daten-, Funktions- und objektorientierten Modellen stehen eine Vielzahl an mathematischen Modellen zur direkten Formulierung des Planungsproblems gegenüber. Diese zumeist aus dem Operations Research (OR) entstammenden Modelle werden mit dem Ziel aufgestellt, die Leistungsfähigkeit von Algorithmen zu testen. Sie liefern wichtige Hinweise auf Anforderungen, die an ein informationstechnisches Modell eines Planungssystems zu richten sind. In Anhang A sind einige mathematische Modelle für Produktionsverbünde aufgeführt.

3.3.4   Referenzmodelle

Unter einem Referenzmodell wird „die umfassende Beschreibung der im Rahmen des Produktionsgeschehens relevanten Aktivitäten und Objekte mit allgemeingültigen und normierenden Aussagen" verstanden (BÜRLI et al. /25/). Für DANGELMAIER et al. /32/ dürfen Modelle „nicht nur auf heute vorhandenen Systemen aufsetzen". Vielmehr muß ein Modell den Fertigungsablauf in beliebiger Detaillierung beschreiben. TIMMERMANNS /125/ bezeichnet derartige Modelle als „non-normative" Referenzmodelle. Non-normative Referenzmodelle sind weitgehend unabhängig von der Anwendung und mit ihr zusammenhängenden Implementierungen. Modelle sind daher an ihrer Fähigkeit zu messen, inwieweit sie der Forderung nach Unabhängigkeit bzgl. Anwendung und Systemumgebung nachkommen. Dem engeren Begriff eines Referenzmodells kommen daher nur sehr wenige Autoren nach. Abb. 3-6 stellt die bei der Erstellung dieser Arbeit aktuellen Planungsmodelle einander gegenüber.

OTTERBEIN /96/ hat für den Bereich der Feinplanung in Leitständen eine Referenzarchitektur erarbeitet mit dem Ziel, „auf der einen Seite hersteller- und applikationsneutral" zu sein und „auf der anderen Seite umfassende Möglichkeiten zur Anpassung an eine spezifische Anwendung" zu bieten. Das Modell der Fertigungssteuerung von DANGELMAIER et

al. /33/ bietet erste Ansätze, „Fertigungs-(planungs- und) -steuerungs-
methoden zu vereinheitlichen und genormte Konstrukte in einem Methodenbaukasten zusammenzufassen".

Modell Merkmal	ICAM	Design Rules for CIM	IM-FST	CIM- OSA	IUM	IDM	Modell Shlaer- Mellor	FIKS
Literatur	/62/	/135/	/33/	/28/	/119/	/111/	/118/	/96/
Methodik	SADT	DFD	EX-PRESS	SADT, ERM	OOD	ERM	ERM, STPM	ERM, OOD
daten-orientiert	○	○	○	●	○	●	●	○
funktions-orientiert	●	●	○	●	○	○	●	○
objekt-orientiert	○	○	●	○	●	○	◐	●
ausgereift für Um-setzung	◐	●	◐	○	○	●	◐	●
Legende:	◐ bedingt / in Teilen / in best. Branchen				● ja		○ nein	

Abb. 3-7   Informations-, Funktions- und Datenmodelle aus dem Bereich
der Produktionsplanung mit Referenzcharakter

Im Rahmen der Arbeiten des Normungsgremiums der ISO (vgl. ISO /68/
und /69/) wurde ein Rahmenwerk zur Modellierung von Unternehmen
entwickelt. Dieses Rahmenwerk beinhaltet die Bereiche der Geschäfts-
prozeßmodellierung, der Systementwicklung sowie der Realisierung.

Daten des Produktionsprozesses in Bezug auf seine Produkte, Aufträge,
Leistungsträger und andere Größen wurden von SPUR et al. /119/ zur Bil-
dung eines integrierten Unternehmensmodells herangezogen. Dieses beschränkt sich im wesentlichen auf die Objekte „Produkt, Auftrag und Ressourcen". Die für die Planung von Produktionsverbünden wichtigen Aspekte der Transportplanung, Lagerhaltung u.a. bleiben unberücksichtigt.

Eine Zusammenstellung weiterer Defizite vorhandener Modelle in Bezug
auf deren Anwendung als Grundlage für Planungssysteme für Produktionsverbünde ist in Abb. 3-8 dargestellt. Darüber hinaus ist die Analyse
von PPS-Systemen abgebildet, die ebenfalls im Hinblick auf besondere
Eigenschaften bei der Nutzung als Planungsinstrument für Produktionsverbünde untersucht wurden.

Merkmal / Grad der Abdeckung in ...	Modellen	Systemen	
Koordination zwischen Planungsbereichen	○	○	* 0 %
Beschaffung auch über Lager, Transport	◐	○	* 0 %
Planungsobjekte Produktion, Lager und Transport	○	○	* 9 %
Automatische Mehrlagerortverwaltung	◐	◐	* 24 %
Abbildung mehrerer Zeitmodelle	○	●	° 50 %
Berücksichtigung von Kosteninformationen für Kapazitätsabgleich	○	○	° 0 %
Termin- u. Kapazitätsplanung über Netzplantechnik	◐	◐	* 15 %
Integration Stückliste und Arbeitsplan	○	◐	* 21 %
Abbildung von Alternativteilen im Arbeitsplan	◐	◐	* 11 %
Vorübergehende Auftragsverknüpfungen	○	◐	* 14 %
Möglichkeit zur Auslösung von Arbeitsgängen bei Fertigmeldung	○	◐	* 12 %
Eingesetzte Programmiersprache erlaubt objektorientiertes Programmieren	k.A.	○	*,# 6 %
Objektorientiertes Modell als Grundlage für Implementierung	●	○	# 8 %

Grundlage der Erhebung:	8 Modelle mit Referenzcharakter (vgl. Abb. 3-7)
	* 113 Planungssysteme aus dem PPS-Bereich /55/
	° 6 Planungssysteme aus dem PPS-Bereich /79/
	# 167 Planungssysteme aus dem PPS-Bereich /45/

Legende:	● abgedeckt bzw. 30- 100 %	◐ teilw. abged. bzw. 10- 30 %	○ nicht abged. bzw. 0- 10 %

Abb. 3-8   Analyse von Modellen und Planungssystemen für die Anwendung in Produktionsverbünden

4. Anforderungen an Modelle zur Planung von Produktionsverbünden

4.1 Systemarchitektur und Anpaßbarkeit

Moderne Systemarchitekturen müssen offen und anpaßbar sein. Offenheit eines Systems verspricht, daß grundlegende Funktionen in einem Kern zur Verfügung gestellt werden, während anwenderspezifische Funktionen konfiguriert oder generiert werden (GRÜNEWALD et al. /54/). Nach BULLINGER et al. /21/ und FÄHNRICH/KÄRCHER /46/ ist Offenheit mit der Fähigkeit zur Integration in bestehende CIM-Umgebungen verbunden. Offenheit im Sinne GRÜNEWALDS wird in der Literatur auch häufig mit Flexibilität und Anpaßbarkeit sowie Erweiterbarkeit umschrieben (vgl. MEYER /87/, FIRESMITH /47/).

Anpaßbarkeit ist ein Schlüsselbegriff für die Lösung zukünftiger Anforderungen an Planungssysteme. Da Hersteller von Standardsoftware im voraus nicht alle Anforderungen aller potentiellen Anwendungsgebiete aus der Gesamtheit ihres Kundenkreises abdecken können, muß die Spezifikation der Systemarchitektur gezielt auf Anpaßbarkeit hin ausgerichtet sein (EGGER/ WEDEL /42/). Anpaßbarkeit im Sinne der Systemarchitektur bedeutet zum einen Plattformunabhängigkeit und Strukturoffenheit im Hinblick auf das eingesetzte Betriebssystem und zum anderen die Möglichkeit zur mühelosen Anbindung an vorhandene relationale Datenbestände.

4.2 Generelle Anforderungen an die Modellerstellung

„Die Normung", so DIN /36/, „darf keine Einschränkung bei der Erfüllung prozeß-, produkt- und auftragsspezifischer Aufgaben nach sich ziehen. Der Leitgedanke muß daher sein, als Grundlage der Normung für die Auftragsabwicklung eine einheitliche strukturoffene Funktionsgliederung sowie eine einheitliche Informationsmodellierung mit erforderlichem Detaillierungsgrad und Durchgängigkeit zu erarbeiten, die der Flexibilität gegenüber betriebsspezifischen Anforderungen gerecht wird."

DANGELMAIER et al. /33/ fordert für den Aufbau vereinheitlichter Planungsmethoden, Modellkonstrukte zu erarbeiten und in einem Methodenbaukasten zusammenzufassen. Generische Konstrukte sind hierfür aus einem universellen Modell der Fertigung abzuleiten. Die Spezifikation von Modellkonstrukten kann durch eine verbale Beschreibung und graphische

Repräsentation sowie durch eine formalisierte Beschreibung der Objekte erfolgen. Objekte müssen ein Schema zur modellhaften Beschreibung realer Dinge oder Ereignisse durch Attribute aufweisen. Das Verhalten der Objekte ist dabei durch Methoden zu beschreiben. An die Verwendung von Modellierungsmethoden sind aus diesem Kontext heraus zahlreiche generelle Anforderungen zu erheben (Abb. 4-1, vgl. SPUR et al. /119/).

Legende: Anforderung ... ◯ ohne ... ● mit ... Auswirkung auf	Modellierungs-	
	Methode	Prozeß
Vollständigkeit	◯	●
Realitätsnähe	◯	●
Nachvollziehbarkeit	●	●
Durchgängigkeit zwischen Analyse und Design	●	◯
Verbale Beschreibung	◯	●
Graphische Repräsentation	●	◯

Abb. 4-1   Generelle Anforderungen an die Modellierung

4.3   Besondere Aspekte des Planungsmodells

In einem Unternehmen ist für mehr als eine benötigte Ressource eines zu verplanenden Auftrags die Einplanung zu gewährleisten (vgl. OTTERBEIN /96/). Dieser Zusammenhang wird häufig als Mehrressourcenplanung bezeichnet. Das Maschinenbelegungsproblem ist dabei als Instanz des verteilten Ressourcenmanagements zu betrachten, das aus den drei Komponenten Verbraucher, Ressourcen und Verteilstrategie besteht. In Kapitel 3.1.1 wurden Produktions-, Lager- und Transportaufträge als wesentlich für Produktionsverbünde identifiziert.

Erst die Integration dieser 3 „Bausteine" in einem einzigen Modell macht es nach SCHMIDT /114/ möglich, allgemein für Produktionssysteme und damit für Produktionsverbünde einsetzbar zu sein und Produktionsunterbrechungen aufgrund von Schnittstellen entlang des Materialflusses drastisch zu senken.

4.3.1 Das Produktionsmodell

In einem Produktionsverbund sind neben reinen Vorgängen zur Bearbeitung eines Werkstückes auch andere Produktionsarten vorzufinden. Dies sind vor allem Montagevorgänge. Darüber hinaus existieren insbesondere in der chemischen Industrie Anforderungen, die die Repräsentation von Prozessen notwendig machen (vgl. AEG et al. /3/, ZÄPFEL /136/, KRONEBERG /76/). Bei der Erstellung des Produktionsmodells ist daher auf integrale Zusammenhänge von Fertigung, Montage und Prozeß zu achten, um dadurch eine einheitliche Modellbeschreibung für den gesamten Produktionsverbund zu gewährleisten.

Moderne Planungssysteme erfordern eine fertigungssynchrone Disposition und Bereitstellung des Materials (vgl. KUHN /77/, WILDEMANN /132/). Nach WEIGANG /128/ bedeutet dies die Zusammenführung von Stückliste und Arbeitsplan (AP) auf der Basis gemeinsamer Stammdaten (vgl. Abb. 4-2). Den Stücklisten sind Materialien, Teile und Baugruppen sowie mengenmäßig geführte Werkzeuge bzw. Vorrichtungen zugeordnet, während in den Arbeitsplänen die Maschinen, Arbeitsplätze und die zeitmäßig zu disponierende Komponente Werkzeug geführt werden (vgl. EVERSHEIM /44/).

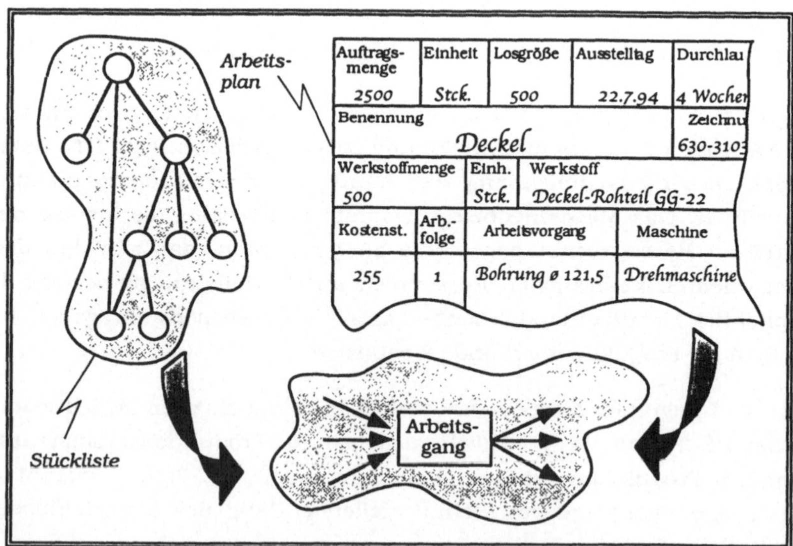

Auftrags-menge	Einheit	Losgröße	Ausstelltag	Durchlau
2500	Stck.	500	22.7.94	4 Woche

Benennung				Zeichnu
Deckel				630-310:

Werkstoffmenge	Einh.	Werkstoff	
500	Stck.	Deckel-Rohteil GG-22	

Kostenst.	Arb.-folge	Arbeitsvorgang	Maschine
255	1	Bohrung ø 121,5	Drehmaschine

Abb. 4-2   Integration von Stückliste und Arbeitsplan

4.3.2   Das Transportmodell

Transporte stellen im Betrieb das verbindende Glied zwischen Lager und Betriebsmitteln oder einzelnen Werksteilen dar. Aufgrund einer enormen Kostenentwicklung, dem Anteil von Transporten und indirekter Bereiche an der Durchlaufzeit von Produktionsaufträgen (vgl. NYHUIS /94/) ist die systematische Planung des Transportwesens eine wichtige Voraussetzung für einen optimalen Materialfluß. In der Automobilindustrie erfolgen Anlieferungen taktgleich mit den Fahrzeugen, die in dem betreffenden Werk in Produktion gehen. Würde diese Definition auf die Spitze getrieben, so müßte für jedes Fahrzeug ein separater Transportauftrag ausgelöst werden. PAWELLEK et al. /97/ verweist daher auf die Notwendigkeit, Potentiale zur Durchlaufzeitreduzierung bereits in der Terminplanung unter Einbeziehung von Transporten zu erschließen. AERTS /5/ fordert, daß ein Modell in der Lage sein muß, Einzeltransporte unter Berücksichtigung der jeweiligen teilespezifischen Ladeeinheit zu Gruppen zusammenzufassen.

4.3.3   Das Modell der Lagerhaltung

Die Lagerhaltung ist insbesondere in verteilten Produktionssystemen von größter Wichtigkeit, da durch sie die Lieferfähigkeit von Unternehmen gesichert wird. Insbesondere in der Auftragsfertigung mit Varianten wird durch eine gezielte Lagerhaltung auf Bauteilebene versucht, die Lieferfähigkeit in der Produktion zu erhöhen. Dabei ist der jeweiligen Menge, dem Ort sowie der Stücklistenstufe der Lagerhaltung besondere Aufmerksamkeit zu schenken, da hohe Bestände auf Bauteilebene oder gar auf der Ebene von Endprodukten stets eine hohe Kapitalbindung bewirken (vgl. DANGELMAIER /31/). Bei Fertigungssteuerungsstrategien, wie dem KANBAN-Prinzip, wirkt die Lagermenge sogar direkt als Steuerungsparameter (LEE /80/, NAKANE et al. /91/).

Hinsichtlich der Funktionen eines Lagers können Eingangslager, Zwischen- und Bereitstellungslager, Pufferlager und Versandlager differenziert werden (FÖRDERKREIS BWL /48/). Allgemein kann man daher in Unternehmen Funktionslager, Umlaufbestandslager (WIP) und Zwischenlager vorfinden, die im Modell zu berücksichtigen sind. Eine Koordination beim Aufbau von Produktionsplänen führt beim Liefer- und Abnehmerwerk zu einer Reduzierung von Lagerbeständen (BITRAN et al. /13/). Dieser Umstand erfordert die planerische Möglichkeit, Lagerbestände auch räumlich und zeitlich aufteilen und verfolgen zu können (LEISTEN /81/).

4.3.4   Sonstige Anforderungen an das Modell

Neben den in Kapitel 4.3.1 bis 4.3.3 dargelegten und für Produktionsverbünde essentiell wichtigen Arbeitsvorgänge „Produktion, Lagerung und
Transport" muß ein Modell für ein Planungssystem zur Planungsoptimierung auch das Rüsten und Zerlegen von Ressourcen sowie Splitten
und Joinen von Arbeitsvorgängen erlauben.

4.3.4.1   Splitten und Joinen

Splitten und Joinen sind Maßnahmen, die insbesondere bei der Optimierung im Rahmen der Belegungsplanung eingesetzt werden. Statt ein
Los komplett an einem Arbeitsplatz zu bearbeiten, wird beim Splitten das
Los auf zwei oder mehr Arbeitsplätze aufgeteilt. WIENDAHL /129/ unterscheidet beim Splitten nach Mengen- und Zeitsplit. Beim Mengensplit wird
ein Los bekannter Größe räumlich mehreren Arbeitsvorgängen und damit
kapazitiven Einrichtungen zugeordnet. Im Zusammenhang mit Produktionsverbünden wird hierdurch die Möglichkeit geschaffen, einen Auftrag
auf mehrere Werke zu verteilen. Ein Zeitsplit hingegen fokusiert die Maschine und verlagert die Abarbeitung eines Teil des Loses auf einen
späteren Zeitpunkt. In der Praxis treten darüber hinaus Mischformen aus
beiden Splitvarianten auf, die für die Planung von Produktionsverbünden
berücksichtigt werden müssen.

4.3.4.2   Rüsten von Ressourcen

Das Vorbereiten von Kapazitäten auf neue Arbeitsaufgaben wird allgemein
als Rüsten bezeichnet. ZÄPFEL /136/ subsummiert unter dem Begriff
„Rüsten" Tätigkeiten wie das Einrichten und Einstellen von Maschinen,
Abbauen und Installieren von Vorrichtungen, Bereitstellen von Ferti-
gungsunterlagen, Einweisen von Arbeitskräften etc..

Rüsten wird in der Literatur häufig dem eigentlichen Bearbeitungsgang
zugerechnet (WIENDAHL /129/, NYHUIS /94/). Dies führt dazu, daß rüst-
zeitminimierende Maßnahmen im Sinne einer Durchlaufzeitoptimierung
bereits vom Modellansatz ausgehend unterbunden werden. Eine sinnvolle
Planung muß hingegen Rüsten als eigenständigen Arbeitsgang betrachten,
um die in den Werken existierenden Produktionsalternativen als Produk-
tivpotential nutzen zu können.

4.3.4.3 Repräsentation der Zeit

Die Zeit definiert den „Ablauf von Ereignissen" (WAHRIG /127/). Soll in einem Modell die Aufeinanderfolge von Ereignissen beschrieben und zudem die zeitliche Distanz dieser Ereignisse zueinander ausgedrückt werden, um sie als Planwerte vorgeben und überwachen zu können, dann wird ein Zeitmodell benötigt, in das sich Ereignisse einordnen lassen und ihr Abstand zueinander zu quantifizieren ist (GECK-MÜGGE et al. /57/).

Bei einem Modell zur Abbildung von Produktionsverbünden in Planungssystemen sind daher folgende Eigenschaften zu berücksichtigen:

- Darstellung der zeitl. Abhängigkeiten einzelner Vorgänge untereinander;
- Darstellung von Zeitpunkt und Zeitdauer eines Vorgangs.

Zeitliche Abhängigkeiten sind *imperative* Beschränkungen, die unbedingt berücksichtigt werden müssen (vgl. HUBER et al. /65/). Sie werden insbesondere durch Verfahren der Netzplantechnik gut abgebildet (ZIMMERMANN /140/, vgl. GAL et al. /51/).

MATHER /82/ fordert, den Planungshorizont in Bereiche unterschiedlicher Genauigkeit unterteilen zu können, da aufgrund äußerer Einflüsse die Unsicherheit vorhersehbarer Ereignisse zunimmt, je größer der Zeitraum ist, der mit der Planung abgedeckt werden soll (AEG et al. /2/, HUBER et al. /65/, ERSCHLER et al. /43/). Entsprechend Abb. 4-3 ist daher ein Beschreibungsmechanismus zu schaffen, mit dessen Hilfe es dem Nutzer des Systems ermöglicht wird, unterschiedliche Perioden-Granularitäten zu definieren.

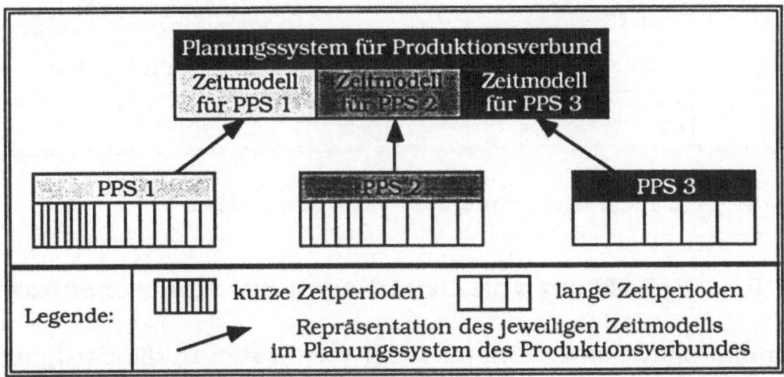

Abb. 4-3   Berücksichtigung von Zeitmodellen „lokaler" Planungssysteme

Darüber hinaus muß im Produktionsverbund berücksichtigt werden, daß lokale Planungssysteme vorhanden sind, die über zum Teil sehr unterschiedliche Zeitmodelle verfügen. Ein Planungssystem für den Produktionsverbund muß daher in der Lage sein, die lokalen Zeitmodelle in entsprechender Weise zu berücksichtigen.

4.3.4.4 Belegungsplanung

Innerhalb der Belegungsplanung werden Verbraucher gemäß einer Verteilstrategie auf Ressourcen verteilt (vgl. Kapitel 3.1). JUNGHANNS /73/ unterscheidet dabei zwischen einer mengen- und ablaufbezogenen Planung, wobei die ablaufbezogene Planung aus der mengenbezogenen hervorgeht. BRANTNER /15/ differenziert zwischen einer sequentiellen und einer parallelen Belegungsplanung (vgl. Abb. 4-4). Den sequentiellen Belegungsplan stellt er „als einen Sonderfall des parallelen" dar.

Für Produktionsverbünde fordert AEG et al. /2/ die Möglichkeit der Abbildung von Reihenfolgen zwischen einzelnen Aufträgen und zudem die Option, innerhalb einer vorgegebenen Zeitperiode auf einer Ressource quasi-parallel ablaufende Vorgänge darstellen zu können. Parallele Belegungspläne sind notwendig, um den Werken im Verbund zu ermöglichen, Reihenfolgeentscheidungen zwischen einzelnen Arbeitsgängen treffen zu können.

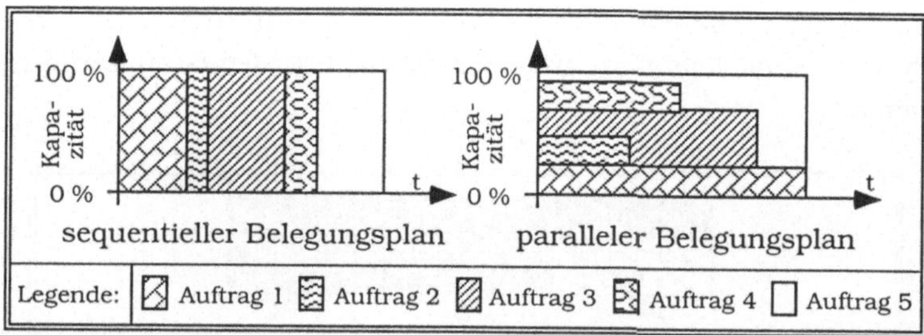

Abb. 4-4   Parallele und sequentielle Belegungspläne

4.3.4.5 Schaffung von Grundlagen zur Kostenrechnung

Die Sinnhaftigkeit einer Einbeziehung von Kosten in die Fertigungsprogrammplanung innerhalb der Logistik wird von URBAN /126/ nachgewiesen (vgl. Abb. 4-5). Nach Schätzungen schwankt der Anteil der Transportkosten an den Gesamtproduktionskosten je nach Branche zwischen

15% und 85%. WIENDAHL /130/ sieht daher ein entscheidendes Rationalisierungspotential darin, Transporte in die Planung einzubeziehen.

Potential / Ansatzpunkt	Prozeßkette und Planungsprozeß durch PPS	PPS-Materialfluß und Bereitstellungskonzepte	Management von Varianten	Gesamt
Kosten — Bestände	●	●	◐	●
Kosten — Personalkosten	◐	◐	◐	◐
Kosten — Sachkosten	—	○	—	○
Zeit — Durchlaufzeit	●	—	◐	●
Zeit — Termintreue	●	●	—	●
Zeit — Flexibilität	●	●	—	●

Legende: ● hohe Wirksamkeit — ○ keine Wirksamkeit — ◐ mäßige Wirksamkeit — — keine sinnvolle Aussage möglich

Abb. 4-5 Kosten- und Zeitpotentiale in der Logistik (nach URBAN /126/)

Für die Berücksichtigung von Kosten im Rahmen eines bereichsübergreifenden Controlling erkennt DIN einen hohen Nutzen und damit eine hohe Dringlichkeit, Daten über zukünftig anfallende Kosten aus der Produktion und der Logistik heranzuziehen (vgl. RKW /104/). „Voraussetzung hierfür ist, daß Planwerte für Aufträge oder Produkte ermittelt wurden" und zur Übernahme als fertigungstechnische Daten zur Verfügung stehen. Aufgrund einer zunehmenden verfahrens- und prozeßbezogenen Heterogenität der Kostenverursachung in Produktionsunternehmen (vgl. RENNER /102/) fordert PLAUT /99/, verstärkt Zeitbezugsgrößen zu berücksichtigen, die nach einzelnen Zeitelementen wie Fertigungs- oder Rüsttätigkeiten zu differenzieren sind.

4.3.4.6 Planungsoptimierung

Optimale Lösungsverfahren betrachten die Belegungsplanung als rein mathematisches Problem. Sie garantieren, da sie den gesamten Lösungsraum durchsuchen, stets optimale Lösungen. Allerdings gehören die für einen Produktionsverbund zu lösenden Planungsprobleme in die Klasse der NP-vollständigen Probleme (Nicht-Polynomial lösbar), für die trotz größter Bemühungen bislang kein Algorithmus gefunden wurde (HUTHMANN /66/, HOROWITZ et al. /64/).

Zu den resultierenden Laufzeitproblemen treten Repräsentationsprobleme hinzu. Es ist z.B. sehr schwer zu formulieren, daß ein bestimmter Auftrag entweder Maschine A oder Maschine B zugeordnet werden soll oder daß ein Auftrag A vor einem Auftrag B abzuarbeiten ist. Daher fordert HUBER et al. /65/ alle Rand- und Nebenbedingungen, die von der Lösung eingehalten werden müssen, einheitlich zu modellieren. Unter Berücksichtigung dieser Anforderung ist es möglich einen gültigen Plan bereits dann zu finden, wenn sämtliche Beschränkungen berücksichtigt und eingehalten werden (DECHTER et al. /34/, FOX /49/).

4.3.5 Zusammenfassung modellspezifischer Anforderungen

Ausgehend von den in den vorhergehenden Kapiteln beschriebenen merkmalsspezifischen Anforderungen ergeben sich für die Elemente Produktion, Lager und Transport modellspezifische Anforderungen. Diese im zu erstellenden Modell für die Planung von Produktionsverbünden zu berücksichtigenden Anforderungen sind in Abb. 4-6 zusammengefaßt.

Merkmal / Modell für	Produktion			Lager			Transport
	Fertigung	Montage	Prozeß	Funktionsl.	Zwischenl.	Umlaufbestand	
Sicherheitsbestand – Menge	○	○	○	○	●	○	○
Sicherheitsbestand – Zeitraum	○	○	○	○	●	○	○
Kapazität	●	●	●	●	●	◐	●
Kosten	●	●	●	●	●	●	●
Zeitmodell – kontinuierlich	○	○	●	●	●	●	○
Zeitmodell – diskret	●	●	○	●	●	●	●
Arbeitsplan	●	●	●	●	●	●	●
Planung	●	●	●	●	◐	◐	◐
Steuerung	●	●	●	●	◐	◐	◐
Plausibiltätskriterien	●	●	●	●	●	●	●
Integr. Arbeitsplan u. Stückl.	●	●	●	●	●	●	●

Legende: ● zu berücksichtigen   ◐ in Teilen zu berücksichtigen   ○ nicht zu berücksichtigen

Abb. 4-6   Zusammenfassung der modellspezifischen Anforderungen

5. Basismodell und Modellierungsmethode

5.1 Objektorientierung für die Beschreibung von Informationssystemen

5.1.1 Überblick

DÜCK/WENK /39/ beziffern die in Änderungs- und Wartungsarbeiten der DV-Landschaft gebundenen Ressourcen auf 70% bis 80%. Sie sehen einen Ausweg aus dieser Situation darin, Flexibilität und Integrationsfähigkeit durch die Einführung von Standards und durch „Verstecken" von funktionaler Komplexität in speziellen Integrationsplattformen zurückzugewinnen. Durch dieses Vorgehen wird es möglich, Anwendungen durch Zusammenfügen von wiederverwendbaren Grundbausteinen schnell, flexibel und preiswert aufzubauen.

Objektorientierung verspricht hierbei eine wesentliche Unterstützung zu sein (OTTERBEIN /96/, FIRESMITH /47/, RUMBAUGH et al. /107/, COAD/ YOURDON /29/). Die wesentlichen Konzepte objektorientierter Technologien sind seit längerem bekannt und wurden in zahlreichen Veröffentlichungen sehr ausführlich diskutiert (vgl. TAYLOR /124/, MEYER /86/, OTTERBEIN /96/, BARTSCH/DENERT /9/ u.a.).

Während das Ziel konventioneller, software-technischer Ansätze auf die adäquate Lösung eines speziellen Problems gerichtet ist, wird nach dem objektorientierten Paradigma das Ergebnis allgemeiner und umfangreicher gestaltet, als dies für das konkrete Problem notwendig ist (SCHASCHINGER et al. /109/). Die entstehenden Bausteine sind dadurch stabiler und können in verschiedenen Domänen verwendet werden (vgl. Kapitel 3.3). Typisch für den objektorientierten Ansatz ist die Erweiterung, Adaptierung und Kombination bestehender Komponenten ohne Modifikation des bestehenden Codes. Um diese Bausteine zu erhalten, ist es notwendig, adäquate Analyse- und Design-Ansätze zu nutzen.

5.1.2 Auswahl einer objektorientierten Analysemethode

Software-Analyse im objektorientierten Sinne umfaßt die Identifikation, Analyse und Spezifikation gemeinsamer Anforderungen eines bestimmten Problembereichs. Sie dient typischer Weise der Wiederverwendung in mehreren Projekten innerhalb des Anwendungsbereichs (FIRESMITH /47/). Die Verwendung objektorientierter Analysemethoden erfordert aufgrund vielfältiger Ziele eine genaue Untersuchung vorhandener Methoden. Aus einer detaillierten Analyse der in der Literatur vorgefundenen Methoden läßt sich die Angemessenheit einer Analysemethode für einen bestimmten Anwendungsbereich ableiten.

Vor dem Hintergrund des Anwendungsbereichs und den dort etablierten Datenbeschreibungen erscheint es für den Übergang zu einem objektorientierten Modell günstig, auf Daten basierende Analysemethoden als geeignet für die Verwendung in der vorliegenden Arbeit herauszufiltern (vgl. Abb. 5-1).

Analysemethoden	Basistechniken					
	DFD	DD	ERD	OO-Diagramm	CFD	Zustands-automaten
OOS, Bailin	●	●	●	○	●	●
RDD, Wirfs-Brock et al.	○	○	○	●	○	○
OOD, Booch	○	○	○	●	○	●
OOA, Coad, Yourdon	○	○	●	●	●	●
OMT, Rumbaugh et al.	●	○	●	●	○	●
OOSA, Shlaer, Mellor	●	●	●	○	●	●
OSA, Embley et al.	●	○	●	○	○	●
OBA, Rubin, Goldberg	○	○	○	●	○	○
BON, Nerson	○	○	○	●	○	○
OOSE, Jacobson et al.	○	○	●	●	○	○
OOA&D, Martin, Odell	●	○	●	●	●	●
OOO, Henderson-Sellers	○	●	●	●	●	●

Legende:	● Basistechnik abgedeckt		○ Basistechnik nicht abgedeckt	
	DFD Datenfluß-diagramm	DD Data-Dictionary	ERD EntityRelationship-Diagram	CFD ControlFlow-Diagram

Abb. 5-1   Objektorientierte Analysemethoden und die Einbindung von Basistechniken (nach STEIN /120/)

Ausgehend von den extrahierten Analysemethoden, wurden in Abb. 5-2 die von den einzelnen Methoden abgedeckten Sichtweisen auf das Informationsmodell einander gegenübergestellt. Während herkömmliche strukturierte Methoden die drei Sichtweisen zunächst isoliert modellieren und erst später — im Laufe der Implementierung — zusammenführen, sollten objektorientierte Analysemethoden von Beginn an geeignet sein, alle drei Sichtweisen zu integrieren. Tatsächlich genügen aber nur sehr wenige Methoden dieser Anforderung.

In Abb. 5-3 sind die drei nach STEIN verbreitesten Analysemethoden aufgeführt. Sie wurden für den Analysebereich anhand weiterer insbesondere kommerzieller Kriterien untersucht.

Analyse-methoden	Sichtweisen			Inte-gration
	Daten	Funktionen	Kontrollfluß	
OOS, Bailin	●	●	○	○
OOA, Coad, Yourdon	●	●	◐	●
OMT, Rumbaugh et al.	●	◐	●	○
OOSA, Shlaer, Mellor	●	◐	●	○
OSA, Embley et al.	●	○	●	○
OOSE, Jacobson et al.	◐	●	◐	●
OOA&D, Martin, Odell	●	●	●	○
OOO, Henderson-Sellers	●	◐	◐	●
Legende: ○ nicht modellierbar bzw. Nein	◐ bedingt modellierbar		● modellierbar bzw. Ja	

Abb. 5-2   Analysemethoden und modellierbare Perspektiven (nach STEIN /120/)

Analysemethode Merkmal	OOSA nach Shlaer/Mellor	OOA nach Coad/Yourdon	OMT nach Rumbaugh
Durchgängigkeit des Vorgehens und der Darstellung	teilweise; Bruch durch 3 Model-lierungsarten	gegeben	teilweise; Bruch durch versch. Modellierungsarten
Stabilität	gegeben	gegeben	gegeben
Erlernbarkeit	aufwendig	mäßig aufwendig	mäßig aufwendig
Überschaubarkeit	gering; benötigt 3 Modellierungsarten	stellt Übersichts-diagramm zur Verf.	gering
Computerunter-stützung	gegeben	gegeben	mäßig
Wiederverwend-barkeit	innerhalb des Problemfeldes möglich	innerhalb des Problemfeldes möglich	innerhalb Problembereich möglich
Unterstützung der OOP-Ansätze • Geheimnis-prinzip	nein	ja	ja
• Abstraktion	nein	ja	ja
• Vererbung	nein	ja	ja
• Botschaften	nein	ja	ja

Abb. 5-3   Darstellung von OOA-Ansätzen (nach SCHASCHINGER et al. /109/)

Unter Einbeziehung der Modellierbarkeit einzelner Perspektiven und deren Integrationsmöglichkeit wurde OOA nach COAD/YOURDON /29/ als am geeignetsten für das Anwendungsfeld der Modellierung eines Planungssystems für Produktionsverbünde erachtet. Für die Arbeit wurde deshalb die objektorientierte Analyse-Methode nach COAD/ YOURDON ausgewählt. Sie vereinigt Übersichtlichkeit, was insbesondere für unternehmensspezifische Anpassungen von erheblicher Wichtigkeit ist, mit leichter Anpaßbarkeit. Die uneingeschränkte Unterstützung sämtlicher OO-Paradigmen war ein weiterer Grund für die Auswahl.

5.1.3 Vorgehensweise und Notation der gewählten Analysemethode

Als Ergebnis eines Modellentwurfs mit der von COAD/YOURDON beschriebenen Methode steht eine Abbildung des Problembereichs und der Systemanforderungen in objektorientierter Form zur Verfügung. Zur Erstellung des Modells wird der Analyseprozeß in die Aktivitäten:

- Bestimmen von Klassen und Objekten;
- Identifizieren von Strukturen;
- Identifiziern von Subjekten;
- Definieren von Attributen und Instanzverbindungen;
- Definieren von Methoden und Nachrichtenverbindungen;

aufgeteilt. Zur Erstellung des Fünf-Schichten-Modells werden die einzelnen Aktivitäten im Sinne eines evolutionären Analyse- und Designprozesses unter Umständen mehrfach durchlaufen, wobei die Reihenfolge nach dem ersten Durchlauf nicht zwingend der im vorherigen Absatz beschriebenen Vorgehensweise folgen muß.

Eine Klasse ist eine Beschreibung für eine oder mehrere Objekte mit identischen Eigenschaften (Attribute und Methoden) einschließlich der Beschreibung, wie neue Instanzen dieser Klasse erzeugt werden (vgl. RUMBAUGH et al. /107/). Instanzen sind Abstraktionen von Elementen aus dem jeweiligen Problembereich.

Man spricht von abstrakten Klassen, wenn von der Klasse keine Objekte instanziiert werden. Abstrakte Klassen dienen zur Definition von Unterklassen und unterstützen die Konzeption von Vererbungshierarchien. Eine konkrete Klasse ist hingegen eine Klasse, von der mindestens ein Objekt instanziiert wird (vgl. RUMBAUGH et al. /107/, STEIN /120/). In Abb. 5-4 ist die ausgewählte Notation für Klassen zusammengefaßt.

Bei der Anwendung objektorientierter Analysemethoden wird zwischen verschiedenen Strukturkomponenten unterschieden, die insgesamt der Strukturierung des Analysemodells dienen:

- Vererbung ist die gerichtete Beziehung zwischen Klassen, wobei eine Unterklasse die Attribute und Operationen von einer Oberklasse übernimmt. Die Vererbung definiert eine Generalisierungs-Spezialisierungs-Hierarchie, in der eine Unterklasse von einer oder mehreren Oberklassen erbt (BOOCH et al. /14/).

- Aggregation ist die gerichtete Beziehungsmenge zwischen Klassen. Instanzen, die die einzelnen Komponenten repräsentieren, werden mit der Instanz assoziiert, die das gesamte Aggregat repräsentiert (RUMBAUGH et al. /107/).

- Assoziation ist eine Beziehungsmenge zwischen Klassen. Sie ist inhärent bidirektional und modelliert die Menge der Beziehungen zwischen einzelnen Instanzen der beteiligten Klassen (RUMBAUGH et al. /107/).

- Kommunikation ist eine gerichtete Beziehung zwischen zwei Objekten, wobei ein Objekt als Client auftritt und die Dienste eines anderen Objekts, das als Server auftritt, in Anspruch nimmt (WIRFS-BROCK et al. /134/).

		Klasse	Beispiel	Beschreibung
neu definierte Klasse	abstrakte Klassen	Name / Attribute / Methoden	Order / Duration (Amount) / SetDuration	Die Basisklasse hat den Namen Order, das Attribut Duration sowie die Methode SetDuration
	konkrete Klassen	Name / Attribute / Methoden	ProdOrder / Duration (Amount) / SetDuration	Die Klasse hat den Namen ProdOrder, das Attribut Duration sowie die Methode SetDuration
an anderer Stelle definierte Klasse	abstrakte Klassen	Name	Order	Ein Auftrag hat den Namen Order; die Klasse wurde bereits an anderer Stelle definiert
	konkrete Klassen	Name	ProdOrder	Eine Klasse mit dem Namen ProdOrder wurde bereits an anderer Stelle definiert

Abb. 5-4   Festlegung der Notation für Klassen (nach COAD/YOURDON /29/)

Dem der Strukturierung zugeordnete Bereich der objektorientierten Analyse und dessen zugrundeliegende Notation ist in Abb. 5-5 dargestellt.

Typ		Grafische Darstellung	Erläuterung bzw. Beispiel	
Kardinalitäten	0:1	A —0:1— B	Ein A ist bezogen auf Null oder ein B	
	1	A —1— B	Ein A ist immer bezogen auf ein B	
	0:m	A —0:m— B	Ein A ist bezogen auf Null, ein oder viele B	
	1:n	A —1:n— B	Ein A ist bezogen auf ein oder viele B	
Strukturen	Vererbung	A / B, C	A ist Generalisierung von B und C	Ressource ist Generalisierung von Kapazität und Material
	Aggregation	A / B, C	A setzt sich zusammen aus B und C	Ein Arbeitsgang setzt sich aus Bedarfen zusammen
	Assoziation	A / B, C	A ist mit B und C assoziiert	Ein Bedarf ist mit einer Ressource assoziiert
	Nachricht	B ◄— A	A ruft eine Methode in B auf	Einplaner ruft Lagerbestand im Lager ab

Abb. 5-5 Notation der Kardinalitäten und Strukturen zwischen Klassen (nach COAD/YOURDON /29/)

5.2 Bewertung vorhandener Referenzmodelle und Auswahl

In Kapitel 3.3.4 wurden „Referenzmodelle" vorgestellt, die die Darstellung der Planung und Steuerung innerhalb des CIM-Umfeldes in Informationssystemen zum Ziel haben. Die mit objektorientierten Ansätzen entwickelten Modelle wurden für eine anforderungsbezogene Untersuchung im Kontext eines Modells zur Planung von Produktionsverbünden herangezogen, da eine objektorientierte Vorgehensweise die Anforderung nach Wiederverwendbarkeit, Änder- und Erweiterbarkeit, Flexibilität und Anpaßbarkeit von Software zur Zeit am ehesten befriedigen kann (OTTERBEIN /96/, DANGELMAIER et al. /33/, SPUR et al. /119/).

Eine vergleichende Übersicht der betrachteten Modelle ist in Abb. 5-6 aufgeführt. Vor dem Hintergrund der Anforderungen aus Kapitel 4 ist es zulässig, die einerseits weitgehend abstrakte anwendungsunabhängige Beschreibung und andererseits detaillierte Modellierung wichtiger Basisobjekte in FIKS als geeigneten Ausgangspunkt für die vorliegende Arbeit zu bezeichnen und für das weitere Vorgehen heranzuziehen. Insbesondere die grundlegende Festlegung elementarer Zusammenhänge wie z.B. alternativer Arbeitspläne und Arbeitsplannetze oder die Einführung von Bedarfen als wichtiges Objekt, um das Verhalten eines Arbeitsplanes zu beschreiben, ist eine hinreichende Basis für das Anwendungsfeld dieser Arbeit.

Modell Beschreibung von	IUM /119/	IM-FST /33/	FIKS /96/	Modular Design of Info Systems /125/
Arbeitsplan	○	○	◉	○
• Bedarfe	○	◔	◉	○
• Berech- nungs- verfahren	○	◔	◉	○
• AP-Arten	○	◔	◉	○
Arbeitsgang	◉	◖	◉	◔
Ressourcen	◉	◉	◑	◑
Planung	◑	○	◉	◑
Steuerung	◉	◖	◉	◉
Notation	EXPRESS	EXPRESS	Ableitungsbaum	Daten orientiert

Legende:	○ nicht be- schrieben	◔ Datum beschrieben	◑ Attribute beschrieben	● Objekte beschrieben
	◉ abstrakte, anwendungsun- abhängige Beschreibung		● Beschreibung von Anwendungsklassen	

Abb. 5-6   Gegenüberstellung objektorientierter Planungsmodelle

FIKS stellt eine Architektur dar, in der die Abbildung von Anwendungsobjekten der realen Welt bewußt offen gehalten wurde. Insbesondere in den Bereichen Arbeitsplan und Arbeitsplan-Bedarfe fehlt die Sicht auf konkrete Anwendungen, um das Modell direkt um- und einsetzen zu können. Das vorhandene Design von FIKS gibt lediglich den Hinweis, daß „eine abstrakte Beschreibung möglicher Splits oder Joins durch Arbeitspläne erfolgt". Völlig offen bleibt hingegen wie diese Arbeitspläne dargestellt werden. Darüber hinaus ungeklärt ist die formale anwendungsspezifische Beschreibung von Fertigungsarbeitsgängen, Transporten oder der Lagerhaltung. Es ist daher das Ziel dieser Arbeit, aufbauend auf FIKS für die Anwendung in Produktionsverbünden ein hinreichendes Design zu liefern und wo nötig sinnvoll zu ergänzen bzw. zu verändern.

5.3   Repräsentation des Basismodells

Für ein Informationsmodell ist von fundamentaler Bedeutung, daß neben einer entwicklungsnahen Beschreibung auch eine graphische Repräsentation vorhanden ist. Das objektorientierte Modell von OTTERBEIN wurde auf der Basis eines Entity-Relationsship-Diagramms entwickelt, wobei bei der Umsetzung in die objektorientierte Welt ausschließlich Ableitungsbeziehungen dargestellt wurden.

Die von OTTERBEIN /96/ entwickelte objektorientierte Architektur für anpaßbare Leitstände wurde als Grundlage für diese Arbeit in die Notation von COAD/YOURDON /29/ übertragen. In Abb. 5-7 sind die zentralen Objekttypen mit Ableitungshierarchie, Assoziationen und Aggregationen dargestellt.

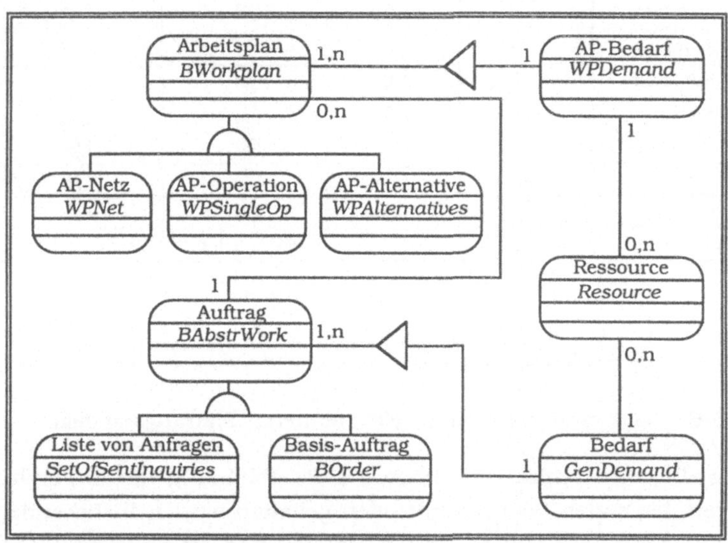

Abb. 5-7   FIKS als Basis für die vorliegende Arbeit

6. Grundgedanke der Modellierung

Ausgehend von den in Kapitel 4 erhobenen Anforderungen, erfolgt in den folgenden Kapiteln der produktionsverbundspezifische Aufbau von Arbeitsplan-Bedarfen, Ressourcen, Arbeitsplänen und Berechnungsverfahren. Zentrale Bedeutung bei den Erweiterungen und der Modellierung besitzt der in Abb. 6-1 dargestellte Aufbau netzplanartiger Strukturen während der Einplanung. Diese Strukturen entstehen, wenn Bedarfe an einzelnen Ressourcen durch gerichtete Kanten miteinander verknüpft werden, woraus die „Flußrichtung" der Ressourcen abgeleitet werden kann.

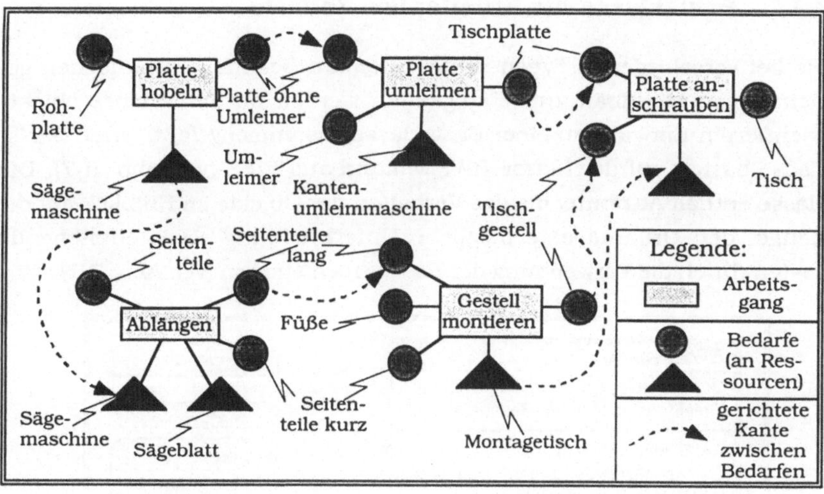

Abb. 6-1 Planungsaufbau als Grundkonzept für Erweiterungen und die Modellierung

Grundlage für alle Arbeitsplan-Typen ist die aufgabenbezogene Beschreibung der Tätigkeiten, die zur Produktion, dem Transport oder der Lagerhaltung benötigt werden. Die Beschreibung erfolgt durch Arbeitspläne. Das jeweilige anwendungsspezifische Verhalten eines Arbeitsplans wird durch Arbeitsplan-Bedarfe spezifiziert. Voraussetzung für eine arbeitsplanbezogene Modellierung ist somit eine detaillierte Beschreibung von Arbeitsplan-Bedarfen und Ressourcen. Diese wird in Kapitel 7 vorgenommen. Darauf aufbauend wird in Kapitel 8 das Design für die in einem Produktionsverbund vorzufindenden Arbeitsplanarten modelliert. In Kapitel 9 erfolgt die Herleitung von Berechnungsverfahrenn, die für die Beschreibung von Arbeitsplänen und den Planungsaufbau notwendig sind.

7. Detaillierte Untersuchung von Arbeitsplan-Bedarfen und Ressourcen

Der Arbeitsplan-Bedarf stellt auf der Ebene der Arbeitsplanerstellung das wesentliche Element dar, um das planerische Verhalten einer Ressource bezogen auf einen Arbeitsplan hinsichtlich Einsatzdauer, benötigter Menge, Kostenverursachung und Einsatzzeiten zu beschreiben. Arbeitsplan-Bedarfe sind somit wichtige Elementarbausteine, mit deren Hilfe das globale, allgemeingültige Verhalten einer Ressource mit den spezifischen Anforderungen von Arbeitsplänen verknüpft werden kann.

7.1 Basisklasse für Arbeitsplan-Bedarfe

Die bei verschiedenen Typen von Arbeitsplan-Bedarfen vorhandenen gemeinsamen Merkmale und Fähigkeiten werden im Sinne eines objektorientierten Entwurfs in einer Basisklasse zusammengefaßt. Diese Basisklasse basiert auf der Klasse *BWPDemand* aus FIKS (vgl. Abb. 5-7). Die Klasse enthält Attribute, die das Verhalten der Objekte im Hinblick auf die Menge, den Ort und eine mögliche Unterbrechung sowie entstehende Kosten durch die Verwendung der Ressourcen steuern (vgl. Abb. 7-1).

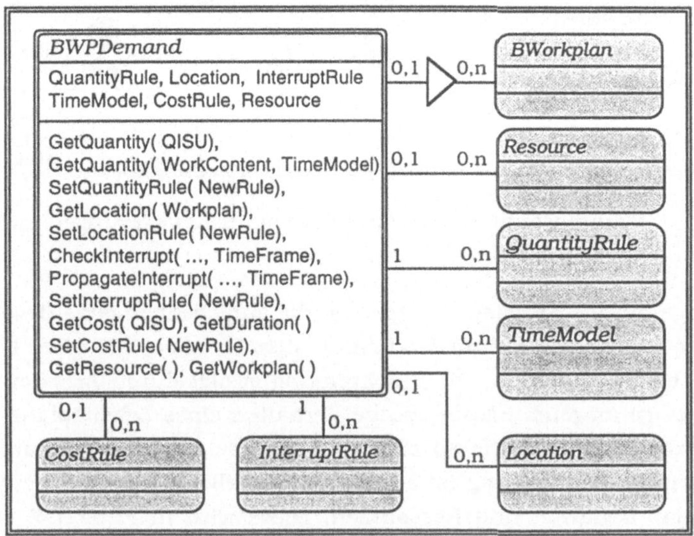

Abb. 7-1   OOD der Basisklasse für AP-Bedarfe

Die Attribute werden als Assoziationen zu Klassen verschiedener Berechnungsverfahren dargestellt. Mit den Attributen zusammenhängende Methoden erlauben die Abfrage von Werten der einzelnen Attribute. Darüber hinaus ist mit den Methoden die Fähigkeit verbunden, einem AP-Bedarf neue Berechnungsverfahren zuzuweisen.

7.2 Eingangs- und Ausgangs-Arbeitsplan-Bedarfe

Arbeitsgänge innerhalb der Produktion „benötigen" für die Abarbeitung der sie beschreibenden Arbeitspläne Ressourcen, die im Anschluß an die Bearbeitung nicht mehr existieren. An ihnen wird eine Veränderung vorgenommen. Ebenso werden durch Arbeitsgänge Ressourcen „erzeugt", die vor Beginn des Arbeitsganges noch nicht vorhanden waren.

Entsprechend der Tatsache, ob eine Ressource verbraucht oder aber erzeugt wird, kann zwischen Eingangs- und Ausgangs-AP-Bedarfen unterschieden werden. Gegenüber der Basisklasse aller AP-Bedarfe ergibt sich somit die Forderung nach der Repräsentation des zeitlichen Beginns der Inanspruchnahme bzw. Beginn der Verfügbarkeit einer mit dem AP-Bedarf verknüpften Ressource.

Dieses zeitliche Element eines Eingangs- bzw. Ausgangs-AP-Bedarfes wird durch eine Verfahren zur Berechnung des Bedarfszeitrahmens gesteuert. Mit Hilfe dieser Verfahren erfolgt zum Zeitpunkt der Anwendung des AP-Bedarfes die Berechnung eines Zeitintervalls in Abhängigkeit von der Menge des Arbeitsplanes ausgedrückt in „Menge einer definierten Standardeinheit (QISU)". Das Zeitintervall gibt an, zu welchem Zeitpunkt die Befriedigung des Bedarfes frühestens beginnen kann bzw. spätestens enden muß. Ein Zeitintervall besitzt einen festen zeitlichen Bezugspunkt. Ein Zeitrahmen hingegen bezieht sich auf einen fiktiven Zeitpunkt. Das bedeutet, daß ein und derselbe Zeitrahmen Berechnungsgrundlage für unterschiedliche Zeitintervalle sein kann. Das Intervall kann im Gegensatz zum Zeitrahmen auf verschiedene Weise beschrieben werden (vgl. Abb. 7-2).

Außerdem muß zwischen Berechnungsverfahren für dem Bedarfszeitrahmen für Eingangs- bzw. Ausgangs-AP-Bedarfe unterschieden werden, da die Interpretation des Intervalls jeweils eine andere ist. Während ein Eingangs-AP-Bedarf durch die Einplanung mit dem Anfangszeitpunkt versehen wird, erhält der Ausgangs-AP-Bedarf Antwort auf die Frage: „wann steht die Ressource für andere Arbeitsvorgänge zur Verfügung ?".

Beschreibungsmittel	Intervalltyp			Zeitrahmen
	1	2	3	
Zeitdauer	●	●	○	●
Zeitpunkt — Anfang	●	○	●	○
Zeitpunkt — Ende	○	●	●	○
Legende:	○ wird nicht benötigt		● wird benötigt	

Abb. 7-2 Beschreibung und Typen von Zeitintervallen und Zeitrahmen

Den unterschiedlichen AP-Bedarfstypen folgend referenziert ein Arbeitsplan neben den Stücklisten-relevanten Ressourcen zumeist auch auf andere Ressourcen wie z.B. Kapazität, Programm oder Personal. Dies wirkt erschwerend auf die Absicht, Stückliste und Arbeitsplan zu integrieren (vgl. Anforderung in Kapitel 4.3.1). Aus diesem Grund ist es erforderlich, ein Attribut einzuführen, das über die Stücklistenrelevanz einer Ressource Auskunft gibt.

Der bei der Anwendung des Arbeitsplans zu berechnende zeitliche Beginn bzw. das Ende eines Ein-/Ausgangs-AP-Bedarfes wird durch die Assoziation mit einer Verfahren zur Berechnung des Bedarfszeitrahmens, repräsentiert durch die Klasse *TimeFrameRule*, beschrieben. Die Methode GetTimeFrame ermöglicht die Bestimmung des Zeitrahmens. Parameter der Methode ist eine Menge ausgedrückt als Vielfaches einer vom Arbeitsplan vorgegebenen Standard-Menge *StandardUnit*. Das die Stücklistenrelevanz abbildende Attribut ist kein Attribut der Basisklasse *BWPDemand*, da eine Stückliste stets aus Ressourcen besteht, die über Ein-/Ausgangs-AP-Bedarfe mit dem Arbeitsplan verknüpft sind. Der Entwurf für die Basisklasse wird in Abb. 7-4 in Verbindung mit davon abgeleiteten Klassen dargestellt.

7.3 Singuläre Eingangs-/Ausgangs-Arbeitsplan-Bedarfe

Singuläre AP-Bedarfe an Ressourcen sind AP-Bedarfe, die einen, bezogen auf einen Arbeitsplan, zeitlich gesehen einmaligen Bedarf besitzen. AP-Bedarfe an Materialien beispielsweise können singulär sein, d.h. der Bedarf muß zu einem vorgegebenen Zeitpunkt auf einmal vollständig befriedigt werden:

- Erzeugnisse - im Sinne des Modells als Material bezeichnet - die mit einem Transportmittel von A nach B transportiert werden sollen, müssen im Rahmen des Transport-APs auf einmal vollständig vorhanden sein.
- Objekte, die die gleiche Zeitdauer tauchlackiert werden sollen, müssen zu Beginn des Arbeitsganges vollständig vorhanden sein, da ansonsten die Qualität leiden würde.
- Materialien, die in größerer Anzahl in Bearbeitungszentren „quasiparallel" bei einer Aufspannung bearbeitet werden, müssen zu Beginn des Arbeitsganges zum gleichen Zeitpunkt vorhanden sein.

Singuläre Eingangs-/Ausgangs-AP-Bedarfe sind für Ressourcen vorgesehen, die nach einem Arbeitsgang fundamental andere Merkmale aufweisen als vor dem betreffenden Arbeitsgang:

- Material wird in der Produktion erzeugt oder verbraucht, es verändert somit seine „Identität".
- Material wird durch Transport von einem Ort zu einem anderen bewegt, es verändert somit seinen Ort.

Aufgrund des beschriebenen Verhaltens verfügen singuläre Ein-/ Ausgangs-AP-Bedarfe über keine Dauer, da sie planerisch entweder zu einem bestimmten vom Planungsalgorithmus zu ermittelnden Zeitpunkt entstehen oder verbraucht werden.

Singuläre Eingangs-/Ausgangs-AP-Bedarfe weisen gegenüber der gemeinsamen Basisklasse *BSingularIOWPDemand* keine weiteren Fähigkeiten auf, so daß der einzige Unterschied darin liegt, daß die beiden genannten AP-Bedarfe instanziierbar sind. Die Methode GetTimeFrame wurde klassenspezifisch durch GetStartTimeFrame bzw. GetEndTimeFrame ersetzt. Die Klassen sind in Abb. 7-4 dargestellt.

7.4 Veränderliche Eingangs-/Ausgangs-Arbeitsplan-Bedarfe

In der prozeßtechnischen Industrie, aber auch in bestimmten Bereichen der fertigenden Industrie, stößt man sehr häufig auf Arbeitspläne, die ein und dieselbe Ressourcenart fortdauernd über eine gewisse Zeitdauer hinweg benötigen:

- Die Zufuhr eines bestimmten Rohmaterials muß über die gesamte Zeitdauer eines chemischen Prozesses gewährleistet sein.
- Damit eine Maschine ihre Arbeit verrichten kann, muß der Maschine ununterbrochen Strom zugeführt werden.
- Gute Lackierergebnisse setzen eine gleichmäßige Versorgung der Spritzpistole mit Lack voraus.
- Getaktete Arbeiten an Fließbändern erfordern die „kontinuierliche" Zufuhr an Teilen.

Diese Art an AP-Bedarfen unterscheidet sich somit fundamental von singulären Eingangs-/Ausgangs-AP-Bedarfen. Es ist aber nicht ausreichend als Erweiterung nur die Menge anzugeben, die für den Arbeitsgang benötigt wird. Es müssen darüber hinaus auch Mechanismen vorgesehen werden, die die Berechnung der jeweiligen Dauer des AP-Bedarfes ermöglichen.

Die Bedarfsmenge kann gewöhnlich sehr einfach über ein Verfahren zur Berechnung der Menge hergeleitet werden (vgl. Kapitel 7.1) und auch für die Dauer stehen ausreichende Berechnungsverfahren zur Verfügung. Tatsächlich kann die betreffende Ressource über eine vorgesehene Zeitdauer auch eine sehr unterschiedliche Inanspruchnahme besitzen: Prozesse in der chemischen Industrie müssen beispielsweise in vielen Fällen erst „hochgefahren" werden, bevor der erforderliche Mengenstrom ein bestimmtes Niveau einnehmen darf.

Es ist daher zulässig, bei unterschiedlichen Bedarfsmengen über die Zeit allgemein von einem Mengenstrom der betreffenden Ressource zu sprechen. Durch den Zusammenhang

$$\text{Mengenstrom } \dot{M} = \lim_{\Delta t \to 0} \frac{\Delta \text{ Menge}}{\Delta t}$$

ergeben sich Abhängigkeiten zwischen Menge, Zeitdauer und Mengenstrom einer Ressource bezüglich eines Arbeitsganges. Diese Abhängigkeiten sowie Verknüpfungsoperationen für die Herleitung der Werte wurden in Abb. 7-3 zusammengeführt.

Veränderliche Eingangs-AP-Bedarfe beziehen sich auf Ressourcen, die dem zugrundeliegenden Arbeitsplan zur Verfügung gestellt werden müssen. Daher muß durch geeignete Verfahren die Möglichkeit bestehen, den Zeitrahmen zu beschreiben, innerhalb dessen die Ressourcen in den Arbeitsgang Eingang finden müssen. Für veränderliche Ausgangs-AP-

Bedarfe gilt dies entsprechend für den Zeitrahmen, innerhalb dessen die Ressourcen den Arbeitsgang verlassen.

gegeben + - zu berechnen	Menge M	Zeitdauer t	Mengen- strom $\dot{M}$	Berechnung über:
Menge	○	●	●	$M = \int_t \dot{M}\, dt$
Zeitdauer	●	○	●	Auflösung der Gleichung nach t: $0 = \int_t \dot{M}\, dt - M$
Mengenstrom	●	●	○	$\dot{M} = \lim_{\Delta t \to 0} \dfrac{\Delta\, Menge}{\Delta\, t}$

Abb. 7-3   Abhängigkeiten zwischen Menge, Dauer und Mengenstrom

Gemeinsame Attribute und Methoden von veränderlichen Eingangs-/ Ausgangs-AP-Bedarfen werden in einer gemeinsamen Basisklasse *BMutableIOWPDemand* zusammengefaßt, die wiederum von der Klasse *BIOWPDemand* abgeleitet ist. Von *BMutableIOWPDemand*, die ihrerseits mit den Klassen *DurationRule* und *QuantityFlowRule* assoziiert ist, werden sodann die beiden Anwendungsklassen *MutableInputWPDemand* und *MutableOutputWPDemand* abgeleitet. Der Vererbungsbaum mit den assoziierten Klassen ist in Abb. 7-4 dargestellt. Die beiden vorgestellten AP-Bedarfs-Klassen verfügen über jeweils getrennte Methoden GetStartTimeFrame und GetEndTimeFrame, die eine Berechnung des Anfangs- bzw. Endezeitrahmens ermöglichen.

7.5   Service-Arbeitsplan-Bedarfe

Bei der Ausführung eines Arbeitsplans sind in der Berechnungsverfahren neben Ressourcen, die verbraucht oder erzeugt werden, auch solche Ressourcen beteiligt, die sich durch den Arbeitsgang nicht oder nur unwesentlich verändern. Maschinen, Spannmittel oder Meßgeräte stehen nach einem Arbeitsgang direkt für einen nächsten Arbeitsgang zur Verfügung. Die Verwendbarkeit bleibt erhalten. Diesem Verhalten kann durch sogenannte Service-Arbeitsplan-Bedarfe Rechnung getragen werden. Diese Art von AP-Bedarf kann mit Ressourcen assoziiert werden, die für bestimmte Arbeitsgänge eine „Serviceleistung" darstellen.

Der Service, den diese Ressourcen gegenüber bestimmten Arbeitsgängen erbringen, soll gewisse Zeit in Anspruch nehmen. Aus diesem Grund muß ein Service-AP-Bedarf über Verfahren zur Berechnung der Dauer verfügen.

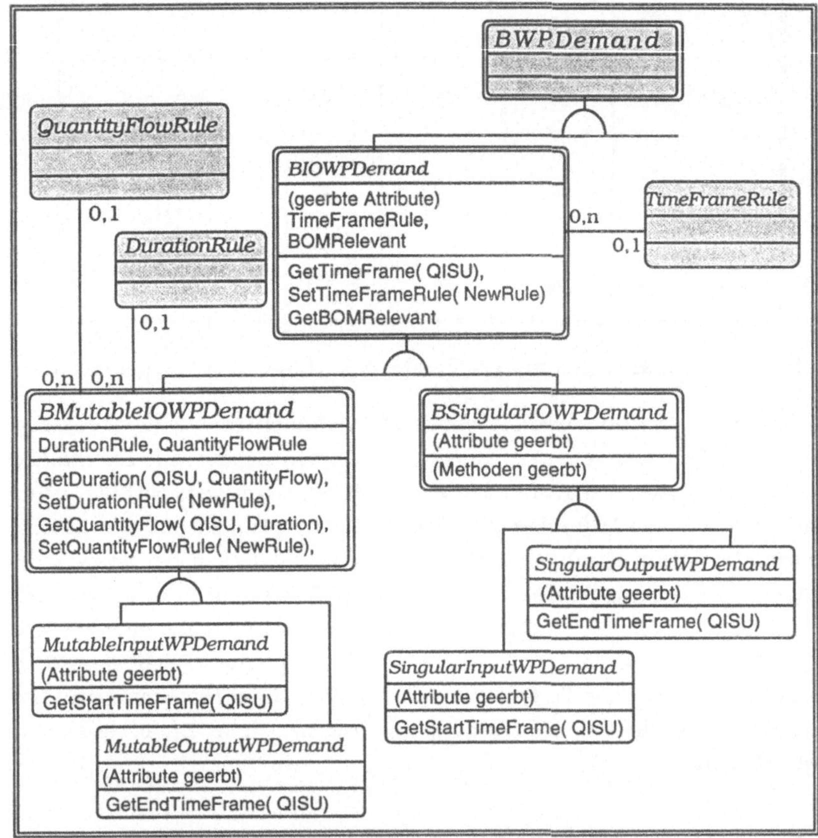

Abb. 7-4   Klassen für Eingangs-/Ausgangs-AP-Bedarfe

Aufgrund der Tatsache, daß die über Service-AP-Bedarfe an Arbeitspläne gekoppelten Ressourcen durch den zugrundeliegenden Arbeitsgang weder erzeugt noch verbraucht werden, kann ein Service-AP-Bedarf sowohl einen Vorgänger- als auch einen Nachfolger-AP-Bedarf besitzen (vgl. Abb. 7-5).

Ein Service-AP-Bedarf kann als eine Art veränderlicher AP-Bedarf verstanden werden, bei dem hingegen eine Ressource mit konstanter Menge über die gesamte vorgesehene Dauer zur Verfügung gestellt wird. Die Angabe eines Mengenstroms wäre daher wenig sinnvoll. Stattdessen wird die zeitliche Inanspruchnahme ausschließlich durch die Angabe einer

Dauer dargestellt. Die drei Attribute „Dauer, Anfangs- und Endezeitrahmen" verhalten sich transitiv; je eines der drei Attribute kann aus zwei anderen ermittelt werden.

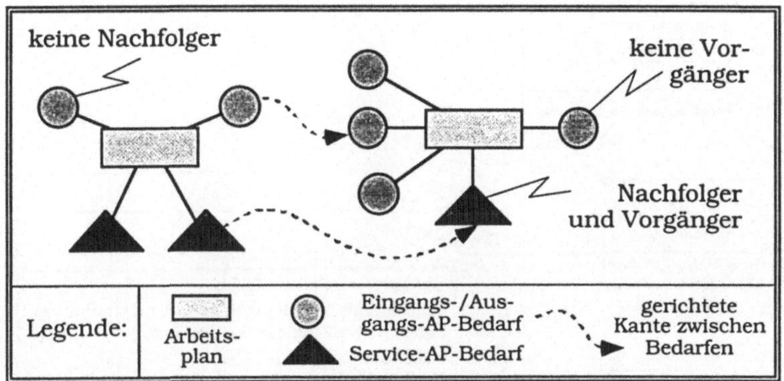

Abb. 7-5   Vorgänger und Nachfolger von AP-Bedarfen

Die Darstellung des Ableitungsbaumes ist Abb. 7-6 zu entnehmen.

7.6   Transport-Arbeitsplan-Bedarfe

Transporte unterscheiden sich von anderen Auftragsarten hinsichtlich einer Ausprägung fundamental. Während die bislang aufgeführten Arbeitsplan-Bedarfe als quasi-stationär zu betrachten sind, muß bei AP-Bedarfen für Transport-Ressourcen die Ortsveränderung eines Transportes berücksichtigt werden. Infolgedessen muß ein Transport-AP-Bedarf einen Start- und einen Zielort umfassen.

Auch Transport-AP-Bedarfe „bieten" dem Arbeitsplan einen Service an, daher werden Transport-AP-Bedarfe von der Klasse *ServiceWPDemand* abgeleitet. Die Dauer hängt zumeist ausschließlich vom Start- und Zielort ab. Allerdings stellen auch die Wegstrecke und die Ladung wesentliche Elemente zur Bestimmung der Transportdauer dar. Die Menge an Transportmitteln bleibt über die Dauer des Transportes erhalten. Transport-AP-Bedarfe sind daher zeitlich invariant, d.h. die Menge verwendeter Transportmittel ist innerhalb eines Arbeitsplans zeitunabhängig.

Auf Grund der im vorigen Kapitel beschriebenen kombinatorischen Vielfalt für Transporte enthält ein *TransportWPDemand* je eine Liste mit möglichen Start- und Zielorten für ein vorgegebenes Transportmittel. Auf der Basis dieser Liste wird die Transportdauer und die Fähigkeit eines Transportmittels, eine bestimmte Strecke zu bedienen, zum Ausdruck gebracht. Die Methode SetDurationRule wird von der Klasse *ServiceWPDemand* geerbt. In Abb. 7-6 ist das Design der Klasse *TransporWPDemand* abgebildet.

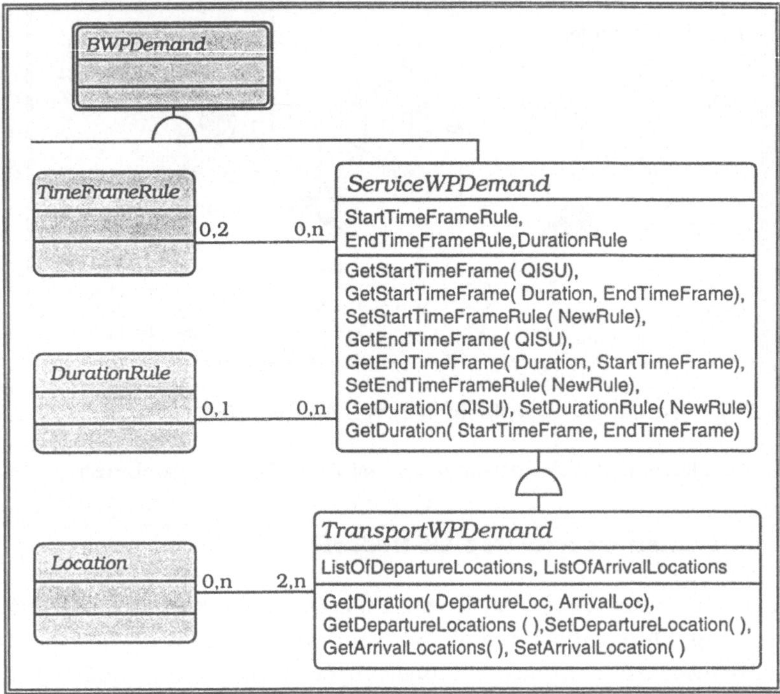

Abb. 7-6   Klasse für Service- und Transport-Arbeitsplan-Bedarfe

7.7   Gemeinsames Verhalten von Arbeitsplan-Bedarfen

Mit dem vorgestellten Modell für Arbeitsplan-Bedarfe stehen substantielle Grundbausteine zur Verfügung, die es erlauben, einfache und komplexe Arbeitspläne für das Anwendungsfeld der Planung von Produktionsverbünden darzustellen. Neben den bereits identifizierten Arbeitsplänen Transport, Produktion und Lagerhaltung wird es auch möglich sein, Arbeitspläne aus der Prozeßindustrie, der Montage sowie Splitten und Joinen, Rüsten und Zerlegen abzubilden.

Einen zusammenfassenden Überblick über die in den erarbeiteten Arbeitsplan-Bedarfen enthaltenen Informationen ist in Abb. 7-7 dargestellt. Berechnungsverfahren, die das Verhalten der Attribute von Arbeitsplan-Bedarfen beschreiben, sind in Kapitel 9 detailliert beschrieben.

- 63 -

Aus einzelnen Arbeitsplänen entstehen durch die Assoziation von AP-Bedarfen Arbeitsplan-Netze (vgl. Abb. 5-7). Die durch ein Arbeitsplan-Netz dargestellten Reihenfolgebeziehungen werden als Grundlage von Einplanungsentscheidungen benötigt. Derartige Reihenfolgebeziehungen spiegeln den Ressourcenfluß zwischen den aus Arbeitsplan-Netzen bei der Einplanung entstehenden Auftrags-Netzen wider. Doch nicht jeder AP-Bedarfs-Typ kann mit jedem anderen AP-Bedarfs-Typ eine Reihenfolgebeziehung eingehen. Abb. 7-8 bzw. Abb. 7-9 veranschaulichen vorhandene Restriktionen für gegebene Vorgänger- bzw. Nachfolger-AP-Bedarfe.

AP-Bedarfstyp / Merkmal	*SingularWPDemand* Input	Output	*MutableWPDemand* Input	Output	*ServiceWP* Demand	*TransportWP* Demand
Anfangszeitr.	●	○	●	○	◑	◑
Endezeitrahmen	○	●	○	●	◑	◑
Dauer	○	○	◑	◑	◑	◑
Menge	●	●	◑	◑	●	●
Mengenstrom	○	○	◑	◑	○	○
Kosten	●	●	●	●	●	●
Ort	●	●	●	●	●	● (*)
Distanz	○	○	○	○	○	●
Unterbrechung	○	○	●	●	●	●

Legende: ● vorhanden　○ nicht vorhanden　◑ transitiv gegeben　(*) Start- u. Zielort

Abb. 7-7　Zusammenfassender Überblick über Arbeitsplan-Bedarfe

Legende: ● möglich ○ nicht möglich		Singular-AP-Bedarf Input	Output	Veränderlicher AP-Bedarf Input	Output	Service-AP-Bedarf	Transport-AP-Bedarf
Vorgänger-AP-Bedarf	Singular-AP-Bedarf Input	○	○	○	○	○	○
	Singular-AP-Bedarf Output	●	○	●	○	●	●
	Veränderlicher AP-Bedarf Input	○	○	○	○	○	○
	Veränderlicher AP-Bedarf Output	●	○	●	○	●	●
	Service-AP-Bedarf	●	○	●	○	●	●
	Transport-AP-Bedarf	●	○	●	○	●	●

Abb. 7-8　Mögliche Kombinationen mit einem Vorgänger-AP-Bedarf zur Darstellung von Ressourcenflüssen

Nicht zu verwechseln sind die beschriebenen Reihenfolgebeziehungen mit „zeitlichen Beziehungen" zwischen Arbeitsplan-Bedarfen bzw. Arbeitsgang-

Bedarfen (vgl. Kapitel 8.5). Während die in diesen Kapiteln erwähnten Reihenfolgebeziehungen für einen AP-Bedarf in Abhängigkeit vom AP-Bedarfs-Typ genau einen Vorgänger bzw. Nachfolger zulassen, kann eine zeitliche Beziehung durchaus zwischen einem und mehreren anderen AP-Bedarfen aufgebaut werden.

Legende: ● möglich ○ nicht möglich		Singular-AP-Bedarf		Veränderlicher AP-Bedarf		Service-AP-Bedarf	Transport-AP-Bedarf
		Input	Output	Input	Output		
Singular-AP-Bedarf	Input	○	●	○	●	●	●
	Output	○	○	○	○	○	○
Veränderlicher AP-Bedarf	Input	○	●	○	●	●	●
	Output	○	○	○	○	○	○
Service-AP-Bedarf		○	●	○	●	●	●
Transport-AP-Bedarf		○	●	○	●	●	●

Abb. 7-9   Mögliche Kombinationen mit einem Nachfolger-AP-Bedarf zur Darstellung von Ressourcenflüssen

7.8   Ressourcen

Zur Ausführung eines Arbeitsgangs wird der Einsatz einer oder mehrerer Ressourcen benötigt. Jede dieser Ressourcen weist ein anderes planerisches Verhalten auf. Die unterscheidbaren Merkmale einzelner Ressourcentypen werden durch die individuelle Attributierung berücksichtigt. Im für diese Arbeit ausgewählten Modell stehen bereits verschiedene Ressourcentypen zur Verfügung: Einzelkapazität, Kapazitätsgruppen, Material und Programm. Eine Beschreibung der bereits beschriebenen Ressourcentypen ist in Anhang B dargelegt. Allerdings ist es für die Planung von Produktionsverbünden notwendig weitergehende Ressourcen-Typen zu betrachten. Neben der Beschreibung von Ressourcenfamilien und künstlichen Ressourcen sind insbesondere Ressourcen im Bereich der Lagerhaltung und Transport maßgebend.

7.8.1   Ressourcenfamilien

Im Arbeitsplan sind die Vorgangsfolgen zur Fertigung von Komponenten oder Erzeugnissen beschrieben. Üblicherweise werden in ihm die verwendeten Materialien sowie für jeden Arbeitsgang die Kapazitäten geführt. Aus dem Arbeitsplan geht hervor, wo, wie, womit und in welcher Zeit ein Teil produziert werden soll. Doch nicht immer ist es möglich oder notwendig, Arbeitspläne im Hinblick auf die einzusetzenden Ressourcen und damit das „womit" exakt zu spezifizieren.

Bei einer Arbeitsplanerstellung nach dem Variantenprinzip werden für gleichartige Werkstücke Standardlösungen in Form eines Grundtyps mit zugehörigem Arbeitsplan entwickelt, der die jeweiligen Einzellösungen durch Variationen des Grundtyps in vorher festgesetzten Grenzen beinhaltet. Diese Variationen betreffen vor allem auch den Ressourceneinsatz. Varianten sind somit in Bezug auf ein bestimmtes Attribut untereinander ähnlich. Betrifft diese Ähnlichkeit zwischen Arbeitsplänen den Einsatz ähnlicher Ressourcen, so gelangt man zur Einführung eines neuen Ressourcentyps: die Ressourcenfamilie.

Einer Ressourcenfamilie gehören all jene Ressourcen an, die bezüglich bestimmten Arbeitsinhalten ein übereinstimmendes planerisches und produktionstechnisches Verhalten aufweisen. Für einen Arbeitsplan und dessen Anforderungen an ein bestimmtes Ressourcenverhalten im Sinne des Variantenarbeitsplans kann es beispielsweise belanglos sein, ob Edelstahl- oder einfache Blechschrauben zum Einsatz kommen, oder ob ein Arbeitsgang auf einer Revolverdrehmaschine oder auf einer Universaldrehmaschine ausgeführt wird (vgl. Abb. 7-10). Ressourcenfamilien stellen somit für eine bestimmte Ressource den „Stammbaum" ihrer Herkunft dar.

Menge	Einheit	Losgröße	Ausstelltag	Durchlau
2500	Stck.	500	22.7.94	4 Wochen
Benennung				Zeichnu
Deckel				630-3103

Werkstoffmenge	Einh.	Werkstoff
500	Stck.	Deckel-Rohteil GG-22

Kostenst.	Arb.-folge	Arbeitsvorgang	Maschine
255	1	Bohrung ø 121,5	Drehmaschine

Abb. 7-10   Verdeutlichung des Begriffs „Ressourcenfamilie"

Verweist ein Arbeitsplan, respektive ein mit ihm verbundener AP-Bedarf, auf eine Ressource, die eine Verallgemeinerung anderer Ressourcen darstellt, so sind während der Einplanung all jene AP-Bedarfe als potentielle Vorgänger- bzw. Nachfolger-Bedarfe im Arbeitsgang-Bedarfs-Netz zu betrachten, die wiederum auf eine Ressource aus der dazugehörigen Ressourcenfamilie verweisen.

7.8.2 „Künstliche" Ressourcen

Beim Rüsten von Maschinen, der Zuteilung eines Mitarbeiters zu einer Maschine oder anderen Zuordnungen mehrerer Ressourcen werden unterschiedliche Ressourcentypen einander temporär zugeordnet. Auch das Zusammenstellen der Ladung für einen Transport fällt unter diese Betrachtung. Planungsseitig ist damit die Möglichkeit gegeben, statt zwei oder mehr Ressourcen nur noch eine zu berücksichtigen und zu verfolgen.

Die bei dieser Modellbetrachtung entstehenden „künstlichen" Ressourcen dienen dazu, die Zusammengehörigkeit mehrerer Ressourcen über mehr als einen Arbeitsgang hinweg darzustellen. Das kapazitive Verhalten derartiger Ressourcen ist getrennt neu zu bestimmen; allgemein wird sie sich auf das schwächste Glied beziehen.

7.8.3 Transport-, Lade- und Lagerhilfsmittel

Das Transport- bzw. Förderwesen stellt in Produktionsverbünden das verbindende Glied zwischen einzelnen Werken, den darin befindlichen Lagern und Betriebsmitteln einzelner Produktionsstufen dar. Ausgehend von zu bewältigenden Transportaufgaben und dem jeweiligen Arbeitsprinzip werden stetige und unstetige Transportmittel unterschieden.

Als Einflußfaktoren auf die Förderaufgabe nennt FRANZIUS /50/ u.a. das zu transportierende Fördergut, Transportwege, leistungsbeschreibende Einflußgrößen sowie Geschwindigkeiten und Mengen.

Stetigförderer transportieren ein Gut so lange, bis es automatisch oder manuell aus dem Förderkreis genommen wird. Stetigförderer sind meist ortsgebundene Förderanlagen und werden daher zur Verknüpfung von Werken innerhalb eines Produktionsverbundes kaum eingesetzt. Unstetige Transportmittel gehören nicht zu den ortsgebundenen Fördermitteln. Innerhalb ihres Wirkungsbereichs sind sie daher sehr flexibel einsetzbar. Allerdings steigt mit der gewonnenen Flexibilität der Aufwand für die Planung und Steuerung. Die Betrachtung der Ressource Lager ist stark an die zur Verfügung stehenden Transporthilfsmittel angelehnt, denn die Auswahl von Transporthilfsmitteln, die häufig als Transport-, Lade- oder Lagerhilfsmittel bezeichnet werden, beeinflussen die Planung eines Lagers.

Die Auswahl der Transporthilfsmittel orientiert sich an der Beschaffenheit des Lager- und Transportgutes. Grundsätzlich lassen sich Güter entsprechend ihrem Aggregatszustand in feste, flüssige und gasförmig, flüchtige Stoffe unterscheiden. In den meisten Industrieunternehmen liegt das Schwergewicht für die Lagerplanung eindeutig auf den festen Stoffen und hier in erster Linie auf den Stückgütern. Insbesondere die Größen- und Gewichtsverhältnisse sind wichtig.

7.8.4 Modellierung der Ressourcentypen

Die Klasse *ResourceFamily* ist wie auch die anderen Ressourcenklassen von der Basisklasse *BResource* abgeleitet. Gleichzeitig ist sie auch mit der Klasse *BResource* assoziiert, wodurch die Zuordnung einzelner Ressourcen zu einer gemeinsamen Ressourcenfamilie gegeben ist, ohne auszuschließen, daß eine Ressourcenfamilie ebenfalls mit einer weiteren Ressourcenfamilie assoziiert ist. Die Klasse enthält eine Liste an Ressourcen, in der Verweise auf diejenigen Ressourcen vorliegen, die in der Ressourcenfamilie vertreten sind. Entsprechend ergeben sich die Methoden GetResources für das Abfragen der in der ListOfResource enthaltenen Ressourcen sowie SetResource zum Einfügen weiterer Ressourcen. Die Klassen für Ressourcen sind in Abb. 7-11 dargestellt.

Die von der Basisklasse *BResource* abgeleitete Klasse *ArtificialResource* repräsentiert die „künstlichen" Ressourcen. Sie ist ebenso wie die Klasse *ResourceFamily* eine Assoziation mehrerer anderer Ressourcen, da bei „Auflösung" einer künstlichen Ressource die darin enthaltenen Ressourcen weiterhin vorhanden sind. Der wesentliche Unterschied zwischen der Klasse *ResourceFamily* und der Klasse *ArtificialResource* liegt im Bereich der Verplanbarkeit der Ressourcentypen. Da künstliche Ressourcen verplanbar sind, muß es möglich sein die Verfügbarkeit der betreffenden Ressource abzufragen: Dies erfolgt mit der Methode Available. Eine Ressourcenfamilie hat per se keine Verfügbarkeit; infolgedessen besitzt die dazugehörige Klasse auch keine entsprechende Methode. Allerdings können einzelne Vertreter einer *ResourceFamily* verfügbar sein, dies wird über die Methode GetAvailableResources abgeprüft.

Transporthilfsmittel werden in der von *SingleCapacity* abgeleiteten Klasse *MeansOfTransport* dargestellt. Die Attribute Volume und Space beschreiben die Dimensionierungseinheiten, nach denen die Zuordnung von *Material* und *MeansOfTransport* erfolgt. Die Zuordnung wird als Listenattribut geführt. Nach derselben Überlegung ist auch die Assoziation zwi-

schen einer *TransportCapacity* und einem *MeansOfTransport* modelliert.
Ein Transportmittel enthält ebenso eine Liste, in der die möglichen Transporthilfsmittel aufgeführt sind.

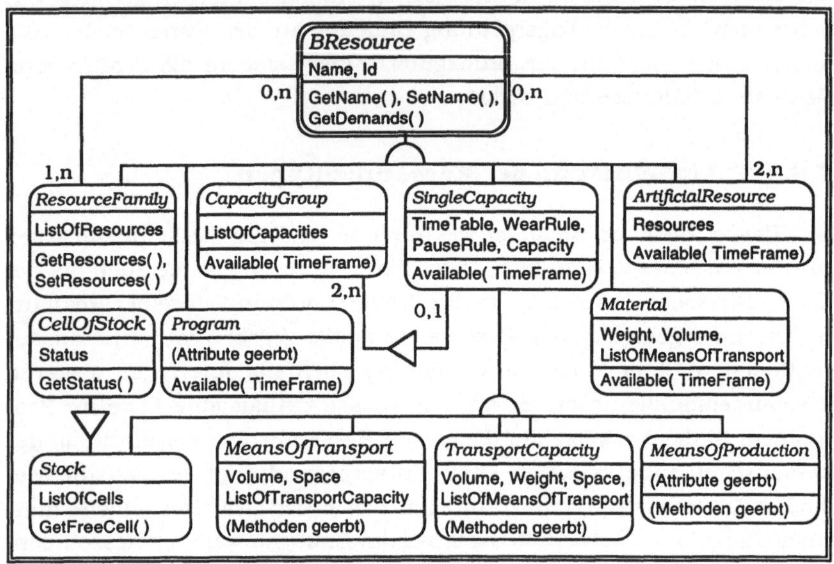

Abb. 7-11   OOD der Klassen für Ressourcen

Ein Lager und seine Lagerplätze wird als Klasse *Stock* modelliert. Die Lagerplätze selbst entsprechen der Klasse *CellOfStock*. Die Klasse*Stock* Ist von der Klasse *SingleCapacity* abgeleitet. Zusätzlich wird ein Lager als Aggregation von Lagerplätzen dargestellt.

7.9   Zusammenfassung

Es wurden Arbeitsplan-Bedarfe und Ressourcen diskutiert und ihre objektorientierte Modellierung vorgenommen. Arbeitsplan-Bedarfe ermöglichen die Beschreibung des dynamischen Verhaltens einer Ressource bezogen auf den Arbeitsplan. Ausgehend von einer gemeinsamen Basisklasse wurden Eingangs- und Ausgangs-, Service- und Transport-Arbeitsplan-Bedarfe modelliert. Die Einführung von Eingangs- bzw. Ausgangs-AP-Bedarfen erlaubt, den Bedarf eines Arbeitsplans an Ressourcen darzustellen, die durch die „Verwendung" in einem Arbeitsgang verbraucht bzw. erzeugt werden. Veränderliche AP-Bedarfe ermöglichen zudem, durch Taktzahlen oder Mengenströme vorgegebene Arbeitsgänge darzustellen. Es wurden Transport-, Lade- und Lagerhilfsmittel, künstliche Ressourcen sowie die Ressourcenfamilie beschrieben. Die Einführung von Ressourcenfamilien bzw. künstlichen Ressourcen erlaubt eine effiziente Planung. Hierdurch können planerisch identische Ressourcen zusammengefaßt bzw. temporär einander zugeordnet werden.

8. Modellierung der Arbeitspläne

In Produktionsverbünden müssen neben der eigentlichen Produktions-
logistik auch Elemente der Transport- und Lagerlogistik behandelt werden. Darüber hinaus ist es notwendig auch das Zusammenfassen, Splitten
und Rüsten von Ressourcen zu beschreiben.

Im vorliegenden Kapitel werden die genannten Arbeitsplan-Typen detailliert vorgestellt. Hierfür wird, aufbauend auf einer Untersuchung des
Verhaltens der Arbeitsplan-Typen, dargestellt, welche Arten von Arbeitsplan-Bedarfen notwendig sind, um einen bestimmten Arbeitsplan-Typ
definieren zu können. Plausibilitätskriterien für die Attributierung einzelner Arbeitsplan-Bedarfe werden aufgeführt und erläutert. Mit Hilfe der in
Abb. 8-1 dargestellten graphischen Grundelemente werden die jeweiligen
Modellvorstellungen dargelegt.

	Symbol	Bedeutung	Abk.	Beispiele
Arbeitsplan-Bedarfe		SingularIO WPDemand	SIOD	AP-Bedarf an Transportgut
		MutableIO WPDemand	MIOD	AP-Bedarf an Elektrizität, Verfahrenstechnische Stoffe
		ServiceWP Demand	SD	AP-Bedarf an Drehmaschine, Personal, Programm
		Transport WPDemand	TD	AP-Bedarf an LKW, Gabelstapler, ...
Ressour- cen-Typen		Resource	R	Traub Drehmaschine Nr. 21 Herr Alfred Werker
		Resource Family	RF	Drehmaschinen, Schrauben, Werker
Arbeits- plan		WPSingleOP	OP	Verschrauben von zwei Stahlplatten

Abb. 8-1   Legende für Verwendung graphischer Grundelemente

Die Beschreibung der einzelnen Arbeitsplan-Typen beinhaltet die Untersuchung von Plausibilitätskriterien auf Attributsebene. Sie werden in
Kapitel 8.6 diskutiert und in Anhang C in den Abb. C-1 bis C-4 zusammengefaßt.

Ein Arbeitsplan kann eine atomare Operation, ein Arbeitsplan-Netz oder
Arbeitsplan-Alternativen darstellen (vgl. Abb. 5-7). Ein Auftrag bzw. ein
Arbeitsgang besitzt einen individuellen Arbeitsplan, in dem neben auf-
tragsunabhängigen Attributen die für den Auftrag spezifischen Angaben

enthalten sind. Daher wird von der Klasse *BWorkplan* eine auftragsspezifische Klasse *OrderWorkplan* abgeleitet, die ihrerseits als Aggregation mit der Klasse *Order* modelliert wird (Abb. 8-2). Ein Auftrags-AP kann eine Kopie oder eine Variante eines Standardarbeitsplanes sein. Daher ist die Klasse *OrderWorkplan* mit der Klasse *StandardWP* assoziiert. Im Arbeitsplan sind die Teilestammdaten durch verschiedene Attribute dargestellt: die Sachnummer bzw. Teilenummer des zu fertigenden Erzeugnisses, die Benennung, der Mengeneinheits- und Basisschlüssel, der Arbeitsplantyp u.a.. Für ein Planungssystem sind insbesondere der Mengeneinheits- und Basisschlüssel von Wichtigkeit, da auf ihnen etwa anzuwendende Parametrisierungsregeln beruhen. Der Mengeneinheitsschlüssel QuantityMeasure gibt die Mengeneinheit des herzustellenden Werkstückes an (z.B. Stück, Millimeter, Kilogramm, Liter, ...). Der Basisschlüssel StandardQuantity sagt aus, auf welche Basis sich die Zeit- und Mengenangaben im Arbeitsplan beziehen (z.B. 1, 10, ...).

Ein Arbeitplan kann mit anderen Arbeitsplänen in Beziehung stehen. Hierdurch können Arbeitspläne zu Arbeitsplannetzen zusammengefügt werden. Beziehungen werden über die Klasse *TimeRelationEdge* beschrieben (vgl. Kapitel 8.5).

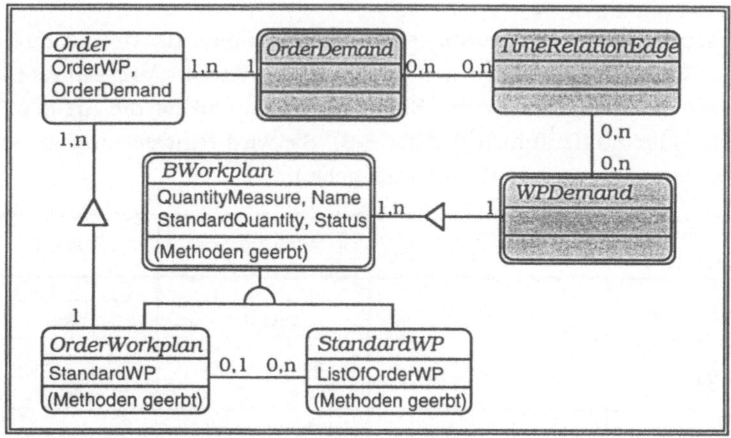

Abb. 8-2   OOD der Klasse *Workplan*

Der vorliegende Modellentwurf besitzt auch für die in diesem Kapitel vorgestellten Arbeitsplan-Typen Gültigkeit. Sie verfügen daher über die gleichen Ableitungsmechanismen. Alle in den folgenden Kapiteln vorgestellten Arbeitspläne werden somit von der Klasse *StandardWP* abgeleitet.

8.1 Produktionsarbeitspläne

Im Mittelpunkt der Fertigungstechnik steht die Produktion von Stückgütern. Beim Blick auf die Betrachtungsebene spezieller Fertigungsverfahren nach DIN 8580 lassen sich folgende modellgestalterisch wertvolle Feststellungen herausfiltern. Unter dem Begriff des Fügens wird ein Vorgang verstanden, der zwei oder mehr Werkstücke miteinander verbindet. Dies steht im Gegensatz zu den Fertigungsverfahren „Urformen, Umformen und Trennen". Die genannten Verfahren überführen ein einzelnes Werkstück in ein anderes und versehen es mit neuen Eigenschaften, Attributen oder Merkmalen. „Beschichten und Stoffeigenschaften ändern" besitzen hingegen eher prozeßtechnischen Charakter. Für die modellspezifische Erfassung wird deshalb zwischen folgenden Bereichen unterschieden:

- Bearbeitung mit Urformen, Umformen und Trennen (vgl. Kapitel 8.1.1).
- Montage, als Synonym für Fügen (vgl. Kapitel 8.1.2).
- Prozeßfertigung mit den Fertigungsverfahren Beschichten und Stoffeigenschaften ändern, aber auch Prozeßtechnik, bei der die Eigenschaften von Stoffen durch physikalische bzw. chemische Prozesse geändert werden (vgl. Kapitel 8.1.3).

Ein wesentliches Unterscheidungsmerkmal für die Fertigungsverfahren ist das Verhältnis zwischen der Anzahl der in den Arbeitsgang eintretenden und austretenden Ressourcen. Ebenfalls bedeutend ist die Art der Ressourcen- oder Stoffzufuhr (vgl. Abb. 8-3). Sie wird Hinweise auf die sachgemäße Verwendung von AP-Bedarfen geben.

Verfahren \ Merkmal	Verhältnis Stücklistenrelevanter AP-Bedarfe	Stoffzufuhr	Beispiel
Bearbeitung	1 : 1	singular oder getaktet	
Montage	n : 1	singular oder getaktet	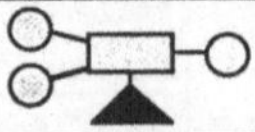
Prozeßtechnik	n : m	diskontinuierlich oder kontinuierlich	
Legende:	◯ Input/Output WPDemand	▲ Service WPDemand	▭ Arbeitsplan

Abb. 8-3 Unterscheidung zwischen Bearbeitung, Montage und Prozeß

8.1.1 Bearbeitung

Ziel der Bearbeitung ist die Herstellung eines Produktes, das unter Zuhilfenahme eines oder mehrerer Betriebsmittel aus einem Rohmaterial erzeugt wird. Es kann davon ausgegangen werden, daß sich die Materialien bzw. Werkstücke, die in ein Arbeitsgang hineingehen, sich von den durch den Arbeitsgang zur Verfügung gestellten unterscheiden. Ein Arbeitsgang führt bei keinem der an der Fertigung beteiligten Betriebsmittel zu direkt attributierbaren Veränderungen. Sie können somit direkt anschließend bei einem anderen Arbeitsgang eingesetzt werden.

Im allgemeinen steht die für die Bearbeitung notwendige Anzahl an Ressourcen zu einem bestimmten vorgegebenen Zeitpunkt zur Verfügung. Allerdings kann der Zeitpunkt zwischen den einzelnen Ressourcentypen durchaus differieren. Die Dauer des aus dem Arbeitsplan zu entwickelnden Arbeitsgangs richtet sich nach der Einsatzdauer der Betriebsmittel bzw. nach der Anzahl der zu bearbeitenden Werkstücke. Zieht man die allgemeine Beschreibung eines Bearbeitungs-Arbeitsplanes in Betracht, so gelangt man zu den in Abb. C-1 aufgeführten Plausibilitätskriterien.

Die Anwendung der Plausibilitätskriterien und der Beschreibung führt sodann zu der in Abb. 8-4 dargestellten graphischen Veranschaulichung wesentlicher Zusammenhänge. Die durch einen Bearbeitungsarbeitsgang zu verändernde bzw. neu entstehende stücklistenrelevante Ressource wird durch die Klasse *SingularIOWPDemand* repräsentiert. Objekte dieser Klasse sind wiederum mit ihrer jeweiligen Ressource assoziiert.

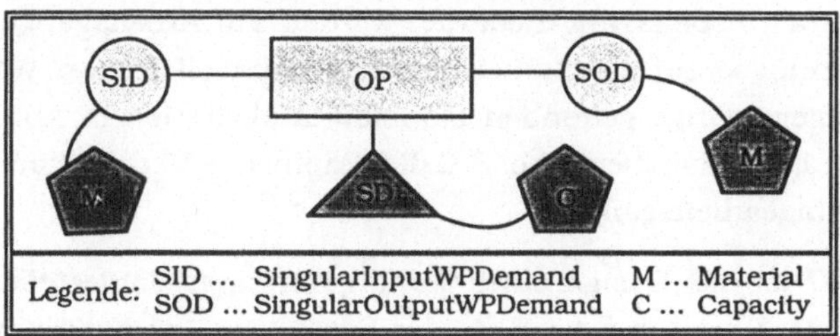

Legende:
SID ... SingularInputWPDemand   M ... Material
SOD ... SingularOutputWPDemand   C ... Capacity

Abb. 8-4   Modellvorstellung einer Bearbeitung

Die Fähigkeiten für Bearbeitungs-Arbeitspläne wurden ausführlich diskutiert. Das sich daraus ergebende Design ist in Abb. 8-5 aufgeführt.

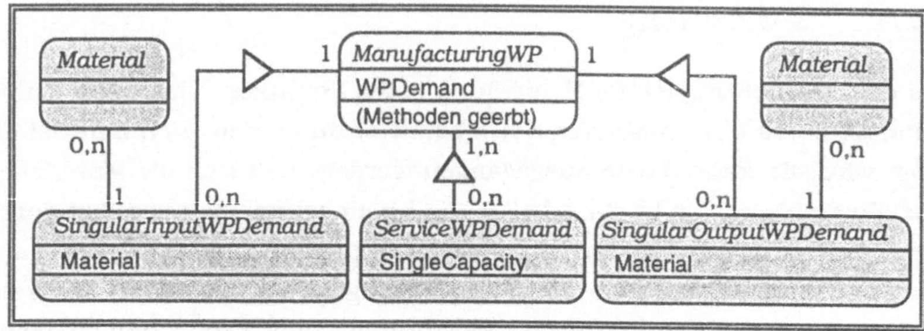

Abb. 8-5   OOD für einen Bearbeitungs-Arbeitsplan

8.1.2   Montage

Bei der Montage werden zwei oder mehr Teile, Bauteilgruppen oder allgemein gesprochen Ressourcen durch Fügen miteinander verbunden. Durch diesen Vorgang entstehen neue Ressourcen, die als solche auch in einer Stückliste identifiziert werden. Aufgrund des aus der Stückliste hervorgehenden Zusammenhangs zwischen einer Baugruppe und seinen Einzelteilen muß auch auf der Planungs- und Steuerungsebene eine derartige Rückverfolgung möglich sein. Dies wird erreicht durch:

- die Hierarchie von Arbeitsplänen durch Arbeitsplan-Netze und
- aufgrund des Attributs BOMRelevant in Arbeitsplan-Bedarfen.

Durch die Hierarchie von Arbeitsplänen wird insbesondere auf der Planungsebene eine Rückverfolgung erzielt. Durch die spezielle Attributierung von Stücklisten-relevanten Arbeitsplan-Bedarfen und damit zusammenhängend auch Arbeitsgang-Bedarfen werden auf Arbeitsgänge begrenzte Ressourcenflüsse auf der Steuerungsseite nachvollziehbar. Während die für Montagevorgänge geltenden Plausibilitätskriterien in Abb. C-1 dargestellt sind, repräsentiert Abb. 8-6 die graphische Veranschaulichung für einen Montagearbeitsgang.

In Abb. 8-7 ist das Design eines Montagevorgangs dargestellt. Montagearbeitsgänge führen auf der Seite der Ressourcen zu typischen Aggregationsvorgängen; somit stellt die Montage im Sinne des objektorientierten Designs den „Prototyp" für Teil-Ganze-Beziehungen dar.

Ein Montage-Arbeitsplan setzt sich auf der Inputseite aus mindestens zwei *SingularInputWPDemand* Objekten zusammen, die mit den zu montierenden Ressourcen assoziiert sind. Die entstehende Ressource ist als Teil-Ganze Beziehung über einen *SingularOutputWPDemand* mit der Klasse *AssemblyWP* assoziiert.

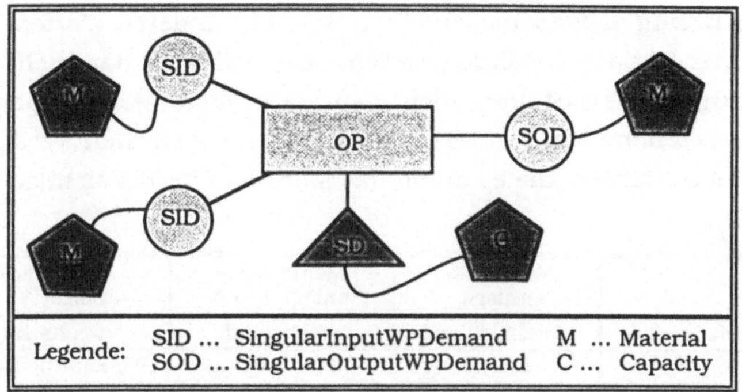

Abb. 8-6   Modellvorstellung einer Montage

Die an der Montage beteiligten Ressourcen werden durch die Klasse *Material* repräsentiert, da sich Montagearbeiten ressourcenseitig ausschließlich auf Material beziehen. Die für die Montage benötigten Montagemittel und -hilfsmittel werden durch Aggregation mit dem Arbeitsplan verknüpft.

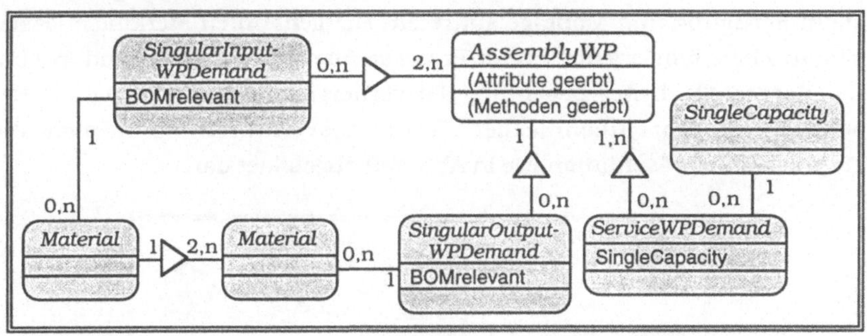

Abb. 8-7   OOD für einen Montage-Arbeitsplan

8.1.3   Prozeß

Als Spezifikum der verfahrenstechnischen Industrie müssen bei der Planung die Eigenheiten des Produktionsbereichs in ganz besonderer Weise betrachtet werden. Charakteristisch für diesen Industriezweig sind stoffumwandelnde Produktionsprozesse. Für chemische Produktionssysteme ist es üblich, daß die Produkte bis zu ihrer Fertigstellung zahlreiche Anlagen durchlaufen, die über ein System von Rohrleitungen miteinander verknüpft sind. Zwischen den Anlagen finden also ausgeprägte stoffliche Verflechtungen statt. Häufig entstehen in der Produktion zwangsläufig und gleichzeitig artverschiedene Produkte. Mit anderen Worten: Man hat es mit einer Kuppelproduktion zu tun. Dies bedeutet, daß mehreren dem Prozeß zugeführten Stoffen auch mehrere sogenannter Kuppelprodukte gegenüberstehen. Man unterscheidet sodann zwischen verschiedenen Produktionsabläufen, die es durch das Modell zu berücksichtigen gilt (vgl. Abb. 8-8).

	Einzweck-anlage	Mehrzweck-anlage Typ A	Mehrzweck-anlage Typ B
Massenfertigung	gleichbleibend	wechselnd	wechselnd
Fertigungstyp	Fließfertigung	Fließfertigung	„Werkstattfertigung"
Prozeßführung	kontinuierlich	kontinuierlich oder diskontinuierlich	diskontinuierlich

Abb. 8-8   Prozeßablaufarten in der verfahrenstechnischen Industrie

Als Eigenheit bleibt festzuhalten, daß in prozeßtechnischen Anlagen kontinuierliche bzw. diskontinuierliche Stoffströme stattfinden und mehreren Eingangsstoffen mehrere Ausgangsstoffe gegenüberstehen. Damit unterscheiden sich Prozesse erheblich von herkömmlichen Arbeitsgängen wie sie in Fertigung und Montage auftreten. Die genannten Merkmale lassen sich in Plausibilitätskriterien für Prozesse überführen. Diese sind in Abb. C-1 dargestellt. Unter Beachtung der vorhergehenden ausführlichen Beschreibung prozeßtechnischer Fertigungsverfahren stellt sich die graphische Repräsentation wie in Abb. 8-9 abgebildet dar.

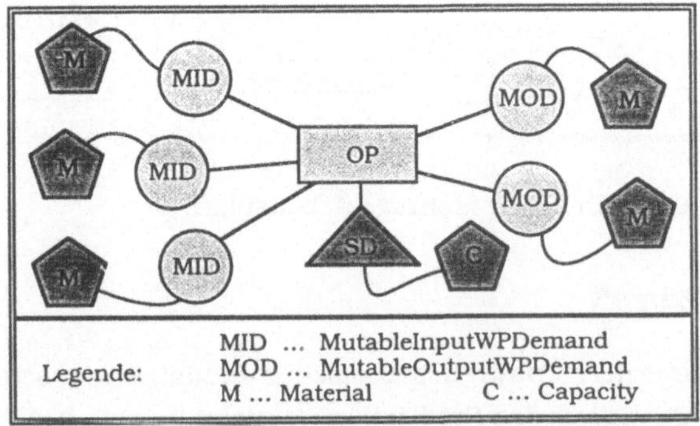

Abb. 8-9   Modellvorstellung vom Fertigungsverfahren „Prozeß"

Kontinuierliche und diskontinuierliche Stoffströme werden durch die Klassen *MutableInput-* und *MutableOutputWPDemand* im Modell abgebildet. Der jeweilige Mengenstrom wird über die Klasse *QuantityFlowRule* gesteuert. Die häufig vorhandenen stofflichen Verflechtungen zwischen einzelnen Prozeßabschnitten können durch den Aufbau einer Reihenfolgebeziehung zwischen den betreffenden Arbeitsplan-Bedarfen bereits auf der Ebene der Arbeitsvorbereitung abgebildet werden. Hierfür sind bei den Arbeitsplan-Bedarfen einzelne Verweisattributierungen auf nachfolgende bzw. vorhergehende AP-Bedarfe vorzusehen. Das Design für Prozeß-Arbeitspläne ist in Abb. 8-10 dargestellt.

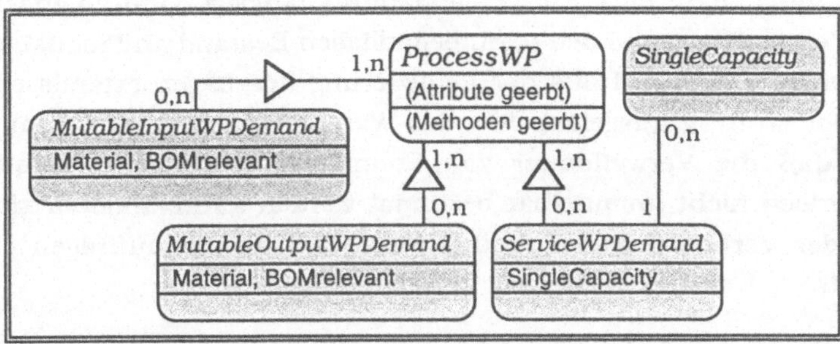

Abb. 8-10   OOD für einen Prozeß-Arbeitsplan

8.2   Führen von Beständen

Während Produktionsarbeitsgänge qualitative Gütertransformationsprozesse darstellen, liegen beim Führen von Beständen logistische Transformationsprozesse vor. Das wesentliche Kennzeichen von logistischen Transformationsprozessen im Bereich der Bestandsführung ist die Überbrückung der Zeit. Zu unterscheiden sind hierbei zwischen Puffer, Funktionslager sowie Wareneingangs- und Versandlager.

Dem Puffer fällt in einem Unternehmen die Aufgabe zu, zwei Produktionsabschnitte voneinander zeitlich zu entkoppeln. Dies kann dann erforderlich sein, wenn die Ausbringung eines bestimmten Vorgänger-Arbeitsganges nicht dem zeitlichen Bedarfsaufkommen seines direkten Nachfolgers entspricht. Puffer sind demnach zwischen Montage- und Fertigungsabschnitten allokierte technische Einrichtungen, die Arbeitsgegenstände im Ausstoßrhythums eines produzierenden Abschnittes aufnehmen, vorübergehend speichern und entsprechend dem Verarbeitungsrhythmus eines nachfolgenden Arbeitsganges wieder abgeben. Die Bestandsführung in einem Puffer bedeutet planerisch, daß die Dauer der Zeitüberbrückung nicht von vornherein festgelegt werden kann, sondern sich erst aus der mit dem Puffer in Verbindung stehenden Produktion ergibt. Auf der Ebene der *Arbeitsplan*erstellung kann einem Puffer daher keine Dauer zugeordnet werden.

Wareneingangs- und Versandlager stehen am Anfang bzw. am Ende der in einem Produktionsverbund stattfindenden qualitativen Gütertransformationsprozesse. Sie stellen logistische Transformationsprozesse dar, die von externen Faktoren beeinflußt werden. So ist bei einer kundenanonymen Fertigung auf Lager der Kundenauftrag nicht unmittelbarer Auslöser der Herstellung von Produkten oder Baugruppen, sondern zunächst Auslöser eines Versandauftrags. Ein Versandauftrag tangiert damit in erster Linie das Versandlager und den darin befindlichen Bestand an Produkten. Erst in zweiter Linie wird aus der Reduzierung des Lagerbestands ein Produktionsauftrag ausgelöst. Für das Wareneingangs- und Versandlager gilt, daß die Verweildauer von Rohmaterialien und Endprodukten planerisch nicht unmittelbar bestimmt werden kann, sondern sich erst aus der Verbindung von Produktions- und Kundenaufträgen ex-ante ergibt.

Funktionslager sind streng genommen Bereiche, denen bestimmte Aufgaben bei der Produkterstellung und damit eher ein Beitrag zur qualitativen Gütertransformation zufallen. Die im Rahmen dieser Arbeit als Funktionslager bezeichneten Bereiche im Unternehmen, besitzen beispielsweise die Aufgabe, Produkte aus der Gießerei für eine vorgegebene Zeitdauer einzulagern, um eine definierte Abkühlung vor einer weiteren Verarbeitung zu erzielen. Für den Bereich der Arbeitsplanerstellung derartiger Lageraufgaben ist daher wichtig, daß für die Lagerhaltung einer vorgegebenen Ressource eine bestimmte Zeitdauer vorzusehen ist.

8.2.1 Puffer

Bevor der Arbeitsplan für die Darstellung eines Puffers beschrieben wird, soll zunächst die Frage geklärt werden, was sich hinter dem Wort „Bestand" verbirgt. Der Inhalt eines Lagers wird allgemein als Bestand bezeichnet. Ein Lager stellt man sich in erster Linie als einen zentralen Bereich im Unternehmen vor, in dem verschiedene Ressourcen solange eingelagert werden bis an einer anderen Stelle im Unternehmen „Nachfrage" nach diesen im Lager befindlichen Ressourcen besteht. Doch auch das direkt in der Produktion an Maschinen befindliche Material ist als Bestand zu führen.

Der für die Modellerstellung wichtige Unterschied zwischen Lagerbeständen und Beständen an der Maschine liegt darin, daß ein Bestand an einer Maschine quasi „Abfallprodukt" der Fertigung ist und sich in vielen Fällen aus unterschiedlichen Losgrößen aufeinander folgender Arbeitsgänge ergibt. In der angelsächsischen Sprache werden derartige Bestände häufig mit Work-In-Process (WIP) umschrieben. Die Unterscheidung zwischen Puffer und Lager ergibt sich somit aus der Tatsache, daß sich ein Puffer direkt an einer Maschine oder verteilt in der Produktion befindet, während ein Lager durch weitere logistische Gütertransformationsprozesse von einer Produktionseinrichtung „beschickt" wird.

Die bereits weiter oben vorgestellten Arbeitspläne „Bearbeitung, Montage und Prozeß" verfügen somit implizit über ein Puffer. Jeder *OutputOrderDemand*, repräsentiert die nach der Ausführung eines Arbeitsgangs verfügbaren Ressourcen. Ein *OutputOrderDemand* ist ein dem *OutputWPDemand* entsprechender Bedarfstyp auf Seite des Arbeitsgangs. Dies bedeutet, daß durch die Planung eines Bedarfs vom Typ *OutputOrderDemand* in Reihenfolge mit einem *InputOrderDemand* ein WIP-Bestand „aufgelöst" wird. Abb. 8-11 verdeutlicht diesen Aspekt.

Der Bestand innerhalb der Produktion ist durch den aufgezeigten Zusammenhang nicht als getrenntes Planungsobjekt aufzufassen, da er quasi „systemimmanent" auftritt und auf der Ebene der Planerstellung vom Planungsalgorithmus zu beeinflussen ist. Aus diesem Grund wird auf eine detailliertere Betrachtung verzichtet.

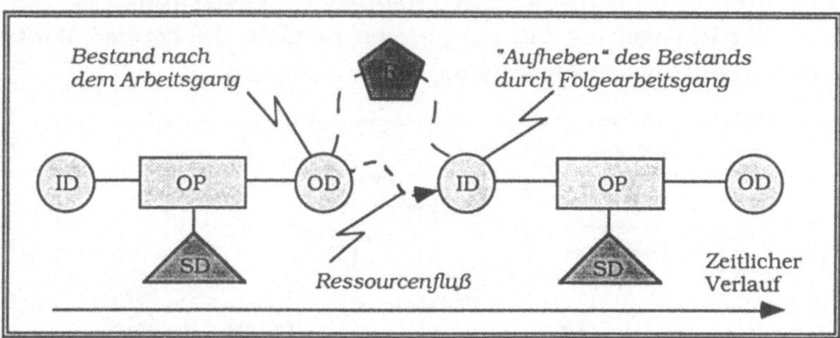

Abb. 8-11   Modellvorstellung von „Puffer"

8.2.2   Zwischen-, Wareneingangs- und Versandlager

Beim Einstellen von Teilen in ein Lager kann angenommen werden, daß sich bereits Teile der selben Ressource im Lager befinden oder für „neue" Teile ein separater Lagerplatz allokiert wird. Es ist deshalb eine zulässige Vereinfachung anzunehmen, daß die Einlagerung einem „Verschmelzen" von im Lager bereits befindlichen Teilen mit neu einzulagernden Teilen entspricht. Die Teile werden gewissermaßen „in einen Topf geworfen", wobei es für diese Arbeit unerheblich ist, welcher Lagerplatz für die Einlagerung vorzusehen ist. Umgekehrt verhält sich die Entnahme aus einem Lager wie die Entnahme einer bestimmten Menge an Teilen aus eben diesem Topf. Die für die Lagerhaltung relevanten Plausibilitätskriterien in Abb. C-2 spiegeln dies wider. Wichtig für die Planung eines Produktionsverbunds ist hierbei die Prüfung der Lagerkapazität und die anschließende Zuweisung zum Lager. Die Zuweisung eines Lagerplatzes ist hingegen Aufgabe einer dezidierten Lagersteuerung.

Diese grundlegenden Gedanken führen zu dem Schluß, daß immer, wenn aus einem Bearbeitungsprozeß heraus oder nach Anlieferung von Teilen eingelagert werden soll, ein in Abb. 8-12 dargestellter Vorgang abläuft. Die Dauer der Einlagerung kann weder auf Arbeitsgang- noch auf Arbeitsplanebene angegeben werden. Deshalb wird das Dauerattribut der Klasse *ServiceWPDemand* mit einem „voreingestellten" Wert versehen. Dieser Wert wird während der Einplanung entsprechend dem tatsächlichen Plan und weiteren Einplanungsentscheidungen durch entsprechende Propagierungsregeln korrigiert.

Die mit den Bedarfen verknüpften Mengenberechnungsverfahren müssen die in Abb. C-2 dargestellte Mengenkonsistenz berücksichtigen. Allerdings sind die aufgeführten Bedingungen dahingehend beschränkt, als daß es sich bei der Einlagerung um Ressourcen handelt, die bei der Montage- bzw. bei einem Bearbeitungsvorgang entstanden sind.

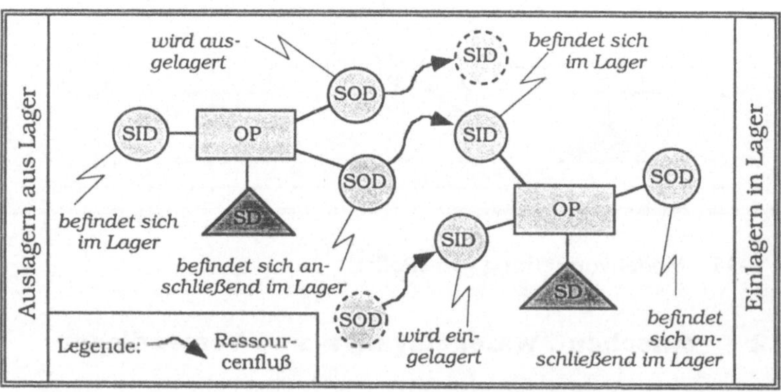

Abb. 8-12 Modellvorstellung von „Ein- und Auslagern"

Bei der Einlagerung von Stoffen aus einem prozeßtechnischen Arbeitsgang heraus müssen hingegen andere bzw. weitere Aspekte berücksichtigt werden (vgl. Kapitel 8.1.3). So stehen die zu lagernden Stoffe häufig nicht erst nach der vollständigen Ausführung des betreffenden Arbeitsgangs, sondern bereits während der laufenden Produktion zur Verfügung. Die genannten Aspekte führen für das Ein- bzw. Auslagern von Stoffen aus einem prozeßtechnischen Arbeitsgang heraus zu signifikanten Plausibilitätskriterien (vgl. Abb. C-2). In Abb. 8-13 ist zur Veranschaulichung das Ein- und Auslagern aus fertigungs- bzw. montagebezogenen Arbeitsgängen dem Lagern aus prozeßtechnischen Arbeiten gegenübergestellt.

| WPDemand | | Input | | Output | | Legende: |
Lagertyp		im Lager	einzu-lagern	im Lager	auszu-lagern	SIWPD = SingularInputWPD SOWPD = SingualrOutputWPD MIWPD = MutableInputWPD MOWPD = MutableOutputWPD
Fertigung, Montage	Ein-lagern	SIWPD	SIWPD	SOWPD	——	
	Aus-lagern	SIWPD	——	SOWPD	SOWPD	
Prozeß	Ein-lagern	SIWPD	MIWPD	MOWPD	——	
	Aus-lagern	SIWPD	——	MOWPD	MOWPD	

Abb. 8-13   Gegenüberstellung Lagern aus Prozeß und Lagern aus Fertigung und Montage

Das Design für den Arbeitsplan einer Ein- bzw. Auslagerung aus einem Lager folgt der Beschreibung im vorigen Kapitel. Da sich die Ein- und Auslagerung von Material aus einem Bearbeitungs- bzw. Montagevorgang heraus sehr ähnlich sind, wird in Abb. 8-14 das Design explizit nur für das Einlagern von Material angegeben. Entsprechendes gilt für die Darstellung des Designs für die Einleitung bzw. Entnahme von Stoffen im Zusammenhang mit prozeßtechnischen Arbeitsvorgängen. Dem geänderten Modellansatz für Lagern aus Prozessen heraus wird mit dem Austausch der Klasse *SingularIOWPDemand* durch die Klasse *MutableIOWPDemand* Rechnung getragen.

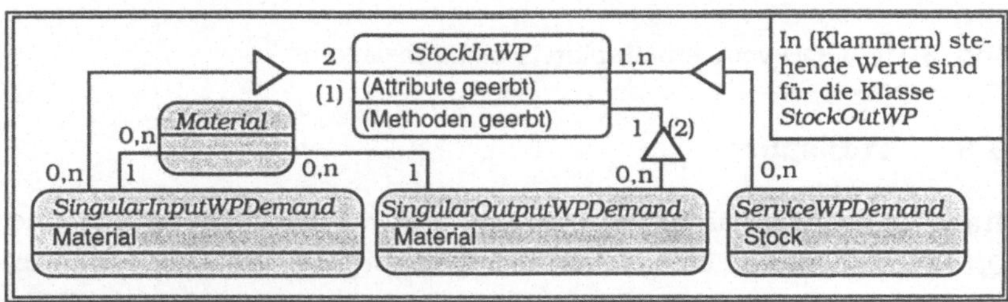

Abb. 8-14   OOD vom Arbeitsplan „Einlagern"

8.2.3   Funktionslagern

Im Gegensatz zu den o.g. Lagertypen übt ein Funktionslager eine planerisch auf die Dauer bezogene quantifizierbare Aufgabe aus. Die Verweildauer einer Ressource in einem Funktionslager, bzw. Verfahren für deren Berechnung, kann bereits bei der Erstellung des Arbeitsplanes angegeben werden. Ebenso ist bekannt, daß am Arbeitsgang eine Ressource notwendig ist, die das Lager mit seiner Kapazität repräsentiert. Aufgrund der Tatsache, daß ein Funktionslager gegenüber den einzulagernden Gütern als leer angesehen werden kann, ergibt sich keine „Vereinigung" von Materialien wie im Falle des Pufferlagers. Daraus folgt auch, daß eine Trennung in Einlagerung und Auslagerung entfallen kann. Weitergehende Plausibilitätskriterien sind tabellarisch in Abb. C-2 zusammengefaßt.

Die Beschreibung des Funktionslagers gibt Hinweise auf die Wirkungsweise der Klasse *FunctionStockWP*. Sie wird als Aggregation der Klasse *ServiceWPDemand* sowie durch die Klassen *SingularInputWPDemand* und *SingularOutputWPDemand* beschrieben. Die das Funktionslager „verlassende" Ressource, abgebildet als Assoziation zwischen der Klasse *Material* und der Klasse *SingularOutputWPDemand*, wird sich gegenüber der einzulagernden Ressource unterscheiden. Aus diesem Grund wurden zwei Klassen vom Typ *Material* im Design aufgeführt (vgl. Abb. 8-15).

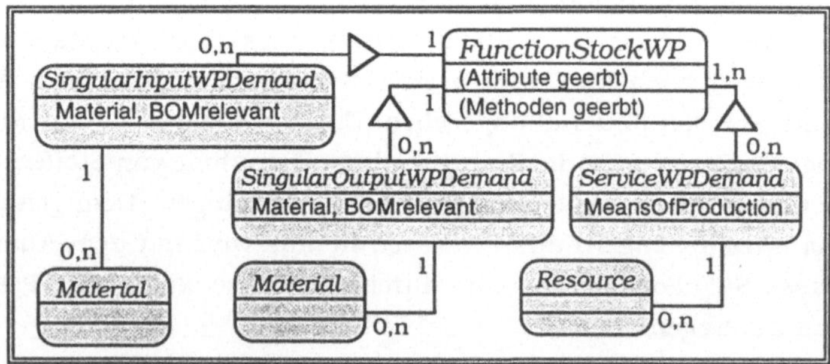

Abb. 8-15   OOD vom Arbeitsplan „Funktionslagern"

8.3   Transport

Transportieren ist das Bewegen eines Gutes von einem Ort A nach einem Ort B. Insofern kann bereits das alleinige Bewegen eines Transportmittels, wenn dieses als Gut aufgefaßt würde, als ein Transport dargestellt werden. Doch dies erscheint im Hinblick auf die Beförderung von den im Rahmen der Logistik erforderlichen Transportaufgaben, eine unzulässige

Vereinfachung zu sein. Tatsächlich wird zur Bewältigung einer Transportaufgabe neben einem Transportmittel ein Transportgut beteiligt sein, also beispielsweise ein Zwischenprodukt eines Werkes A, das in einem anderen Werk B benötigt wird. Weiterhin kann festgehalten werden, daß ein Transport mit den mit ihm in Verbindung stehenden Ressourcen zu ein und demselben Zeitpunkt einen vorgegebenen Ort verlassen bzw. in einem anderen ankommen wird (vgl. Kapitel 7.6).

Transportvorgänge unterscheiden sich in erheblichem Maße von Arbeitsgängen in der eigentlichen Produktion. Während aus der Sicht der Arbeitsvorbereitung die Definition eines Arbeitsplanes für die Fertigung und daran beteiligte Ressourcen sehr genau erfolgen kann und muß, wäre diese Vorgehensweise für Transporte ein sehr mühseliges Unterfangen. Die auch für die Praxis relevante kombinatorische Vielfalt aus Transportmitteln auf der einen Seite und zu transportierenden Gütern auf der anderen Seite ist extrem hoch. Dies liegt jedoch weniger an den vielen verschiedenen Teilen, sondern vielmehr an der Tatsache, daß selten ein Transport beispielsweise nur aus M5 Schrauben besteht. Vielmehr ist das Transportgewerbe bestrebt, die Ladefläche optimal zu nutzen, weswegen vom Modellansatz her die Möglichkeit bestehen muß, eine Ladung aus verschiedenen Gütern zusammenzustellen.

Die anfängliche Annahme, es würde genügen, eine einzelne Ressource am Transport zu beteiligen, führt daher zu einer einfachen, aber in der Sache wirkungsvollen Überlegung: Jedem Transport ist ein „Rüsten" vorgeschaltet, das die Zuordnung des zum Transport vorgesehenen Gutes zu einer Ladung vornimmt. Es genügt daher, einen Transport als einen Vorgang zu bezeichnen, der eine Ladung mit Hilfe eines Transportmittels in einer bestimmten Zeit von einem Ort A zu einem Ort B befördert. Die Ladung kann ihrerseits aus standardisierten Transporthilfsmitteln - beispielsweise Paletten - und den Gütern bestehen. Damit kann die Vorbereitung eines Transportes streng genommen als ein wiederholtes Ausführen eines „Rüstvorganges" beschrieben werden (vgl. Kapitel 8.4.2). Die dargelegten Sachverhalte führen zu folgender in Abb. 8-16 dargestellten Modellvorstellung. Einem Transport-Arbeitsplan wird ein Transport-AP-Bedarf zugeordnet. Dieser ist mit der zu transportierenden *Artificial-Resource* verbunden, die ihrerseits aus dem Transportmittel und den zu transportierenden Gütern besteht.

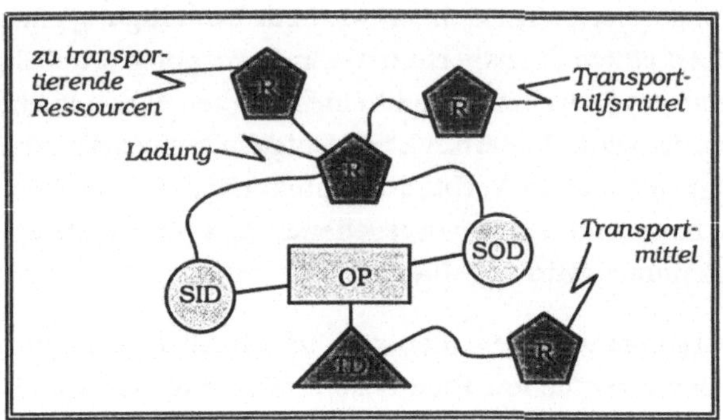

Abb. 8-16   Modellvorstellung für einen Transport

Transporte sind gewöhnlich „Füllarbeitsgänge" zwischen zwei räumlich ge-
trennten Produktionseinheiten. Durch die kombinatorische Vielfalt möglicher Transporte, hervorgerufen durch eine hohe Anzahl zu verbindender
Stellen innerhalb eines Werkes oder zwischen mehreren Werken, erscheint
es unpraktikabel, nach Start- und Zielorten getrennte Transport-Arbeitspläne zu erstellen. Aus diesem Grund ist im *TransportWPDemand* die Liste
möglicher Start-Zielort-Kombinationen für den Arbeitsplan niedergelegt.

Durch dieses Modell ist es nun möglich, Transport-Arbeitspläne zu erstellen, die sich auf die zentralen Elemente „Start- und Zielort" und das
Transportmittel konzentrieren. Das eigentliche zu transportierende Gut
wird hierbei zunächst nicht in Betracht gezogen. Es wird allgemein als
Ladung dargestellt. Mit dieser Vorgehensweise wird eine größtmögliche
Flexibilität im Hinblick auf die enorme Varianz bei den zu transportierenden Gütern geschaffen. Der Pflegeaufwand der Transport-Arbeitspläne
kann somit auf einem tolerierbaren Minimum gehalten werden. Plausibilitätskriterien für Transport-Arbeitspläne sind in Abb. C-3 dargelegt.

Das Transportmittel wird über die Klasse *TransportWPDemand* als Teil des
Transport-Arbeitsplanes dargestellt. Die Ladung wird mit Hilfe der Klasse
ArtificialResource modelliert. Sie ist eine Aggregation aus den zu transportierenden Gütern und den Transporthilfsmitteln. Einen Überblick über
das Design eines Arbeitsplanes für Transporte bietet Abb. 8-17.

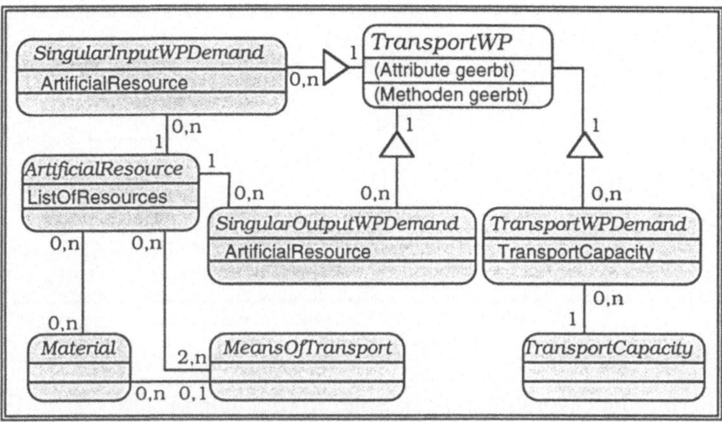

Abb. 8-17   OOD für einen Transport-Arbeitsplan

8.4   Sonstige Arbeitsplan-Typen

8.4.1   Splitten und Joinen

Die Begriffe „Splitten und Joinen" beschreiben das Aufteilen bzw. Zusammenlegen von Fertigungsaufträgen und Arbeitsgängen. Hierdurch werden beispielsweise Parallelarbeiten ermöglicht bzw. Rüstminimierung erzielt. Splitten und Joinen beziehen sich jeweils ausschließlich auf Arbeitsgänge, bei denen eine der beteiligten Ressourcen identisch ist. Das Galvanisieren zweier grundverschiedener Blechteile kann beispielsweise zeitgleich im selben Galvanikbad erfolgen.

Überträgt man die genannte Voraussetzung auf die Modellvorstellung, so bedeutet dies, daß beim Splitten mindestens zwei Ausgangs-Arbeitsplan-Bedarfe mit dem gleichen Ressourcen-Typ assoziiert sein müssen. Darüber hinaus ist es erforderlich, daß die Menge der gesplitteten Ressource gleich der Menge der zu splittenden Ressource ist. In Abb. 8-18 ist ein auf einen Splitarbeitsgang folgender Joinarbeitsgang dargestellt.

Joinen benötigt auf der Eingangsseite des Arbeitsplanes zwei AP-Bedarfe, die sich auf den gleichen Ressourcen-Typ beziehen. Vor diesem Hintergrund können z.B. zwei Pakete mit typgleichen M5 Schrauben - man würde diese als in Chargen darzustellende Materialien auffassen- zusammengefaßt werden, während das Joinen einer Packung Schrauben mit einer Packung Muttern einen anderen Arbeitsplan-Typ erfordern würde (vgl. Kapitel 8.4.2). Plausibilitätskriterien für die Arbeitspläne Splitten und Joinen sind in Abb. C-4 zusammengefaßt.

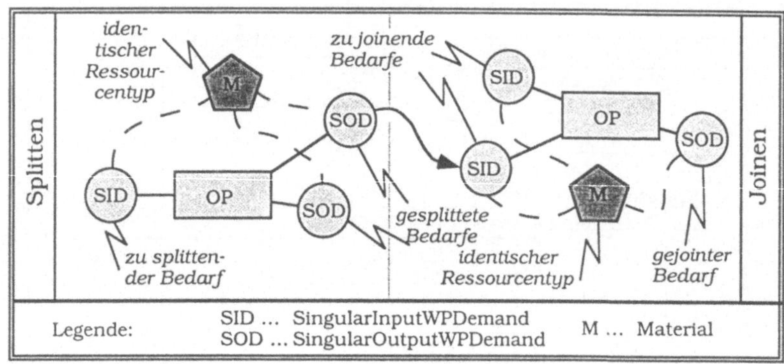

Abb. 8-18   Modellvorstellung von Splitten und Joinen

Der Entwurf für Splitarbeitsgänge ist in Abb. 8-19 dargestellt. Die Klasse *SplitWP* ist mit zwei Klassen des Typs *SingularIOWPDemand* aggregiert. Die zu splittende Ressource ist sowohl mit der Klasse *SingularInput-WPDemand* als auch mit der Klasse *SingularOutputWPDemand* assoziiert. Das Attribut SplitRatio referenziert auf das Splitverhältnis zwischen den beiden Ausgangs-Bedarfen. Für den Aufbau des objekt-orientierten Designs für die Klasse *JoinWP* kann dieselbe Vorgehensweise unterstellt werden. Die Darstellung ist in Abb. 8-19 integriert.

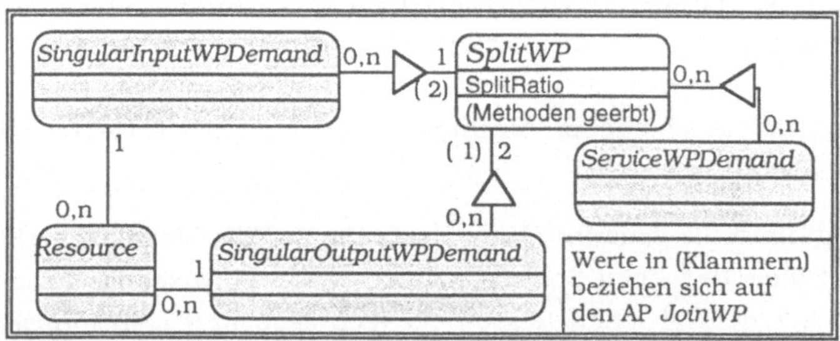

Abb. 8-19   OOD für die Arbeitspläne „Splitten und Joinen"

8.4.2   Kombinieren und Zerlegen

Kombinieren und Zerlegen sind Aufgaben, die beispielsweise im Zusammenhang mit dem Rüsten von Maschinen wichtige Schritte abbilden. Untersucht man die Tätigkeit „Rüsten" in einem Unternehmen, so kann von einem zeitweisen Zuordnen von Ressourcen zu einer künstlichen Ressource gesprochen werden. Im Vergleich zu Joinen müssen die zu rüstenden Ressourcen nicht vom gleichen Typ sein (vgl. Abb. C-4). Das Modell von Kombinieren und Zerlegen ist in Abb. 8-20 dargestellt.

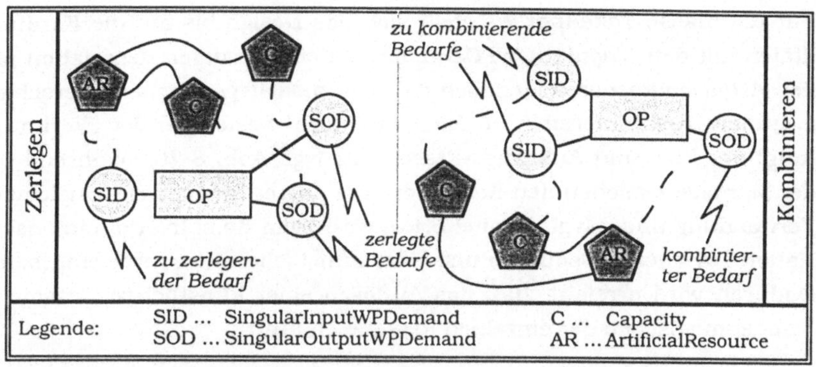

Abb. 8-20   Modellvorstellung von Zerlegen und Kombinieren

Diese Vorgehensweise führt durch geschicktes Ausnutzen der Rüstinhalte zu Vorteilen bei Reihenfolgeoptimierungen. Aufgrund der Mehrressourcenplanung wäre es auch möglich, alle für einen Arbeitsgang notwendigen Ressourcen direkt mit dem Arbeitsplan zu assoziieren, wobei die für das Rüsten anzusetzende Zeitdauer im Arbeitsplan „verschwinden" würde. Weist man hingegen einen speziellen Rüstvorgang aus, so ist es möglich, Rüsten direkt in die spätere Planungsoptimierung einzubeziehen.

Der Arbeitsgang Kombinieren wird durch die Klasse *SetUpWP* repräsentiert. Sie ist als Aggregation der Klassen *SingularInput-* und *OutputWPDemand* dargestellt. Der Eingangs-AP-Bedarf ist mit Kardinalität „2,n" versehen, wodurch zum Ausdruck kommt, daß auch mehr als zwei Ressourcen kombiniert werden können. Die mit den Eingangs-AP-Bedarfen assoziierten Ressourcen sind wiederum mit einer *ArtificialResource* assoziiert. Das Design für die Klasse *SetUpWP* ist in Abb. 8-21 abgebildet.

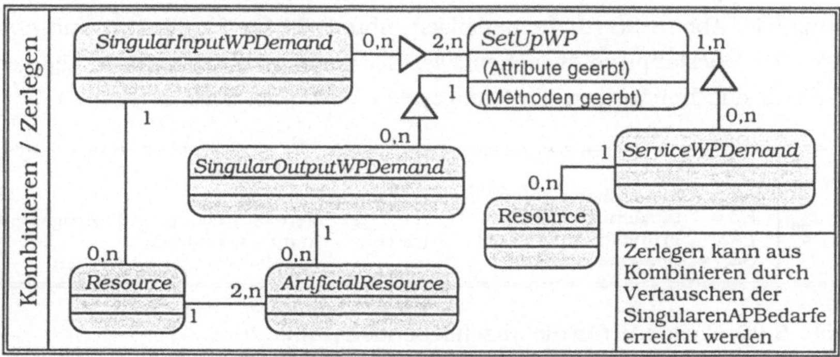

Abb. 8-21   OOD für die Arbeitspläne „Kombinieren und Zerlegen"

Für die Klasse *TakeApartWP* stellt sich das Design bis auf die Kardinalitäten mit den *SingularIOWPDemands* und einer anderen Assoziation mit
der *ArtificicalResource* identisch dar. Der modellspezifische Unterschied
zwischen „Kombinieren" und einer „Montage" besteht in der „Verknüpfung" der Ein- und Ausgangs-Ressourcen (vgl. Abb. 8-20). Während bei
der Montage zwischen den Ressourcen die Aggregation als Designelement
Verwendung findet (vgl. Kapitel 5.1.3) wird beim Kombinieren eine Assoziation zwischen Ressourcen und einer künstlichen Ressource eingesetzt.
Dadurch wird erreicht, daß das Auflösen einer künstlichen Ressource
nicht zum Löschen der einzelnen Ressourcen führt.

8.5 Beziehungen zwischen Arbeitsplänen bzw. Arbeitsplan-Bedarfen

8.5.1 Beziehungsarten und -typen

Zwischen den AP-Bedarfen eines Arbeitsplans oder zwischen zwei Arbeitsplänen können zeitliche Beziehungen bestehen, die durch geeignete Hilfs-
mittel zu beschreiben sind. Es kann zwischen den Bezugsarten Parallelität, Überlappung und Reihenfolge unterschieden werden. Darüber hinaus ist bei der Planung die Beziehung zwischen direkten Vorgänger-Nach-
folger-AP-Bedarfen zur Darstellung des Ressourcenflusses bzw. Beziehungen zwischen AP-Bedarfen bzw. Arbeitsplänen mit unterschiedlichen Ressourcen zu repräsentieren.

Innerhalb der Bezugsarten ist zwischen verschiedenen Bezugstypen zu differenzieren: Anfang-Anfang, Ende-Ende, Anfang-Ende und Ende-Anfang.
Entsprechend ergeben sich Bedingungen für die Einhaltung eines Be-
ziehungstyps innerhalb einer vorgegebenen Bezugsart während der Planung (vgl. Abb. 8-23 für Reihenfolgen, Abb. 8-24 für Parallelität und Abb.
8-25 für Überlappung zwischen zwei Bedarfen). Die Legende für die verschiedenen Abbildungen der Bezugsarten ist in Abb. 8-22 dargestellt.

Legende				
D =	Dauer	i ...	indiziert Vorgänger	
AZ =	tatsächliche Anfangszeit	j ...	indiziert Nachfolger	
EZ =	tatsächliche Endezeit	Δt ...	Zeitdifferenz entsprechend Bezugstyp	
FAZ =	Früheste Anfangszeit	transitiv ...	kann aus anderen	
SEZ =	Späteste Endezeit		Angaben hergeleitet werden	

Abb. 8-22   Legende für die anschließenden Abbildungen

Die in den Abbildungen aufgeführten „Bedingungen" sind Randbedingungen bei der Ermittlung und Propagierung „Frühester Anfangszeit-

punkte (FAZ)" bzw. „Spätester Endezeitpunkte (SEZ)". Damit wird gewährleistet, daß zwischen zwei Bedarfen ein durch die zeitliche Beziehung zum Ausdruck gebrachter Bezugstyp während des Planungsvorgangs nicht verwirkt werden kann.

Bezugstyp	Bedingung	Δt	Beispiel
mit Bezug auf Anfang	$FAZ_i \leq SEZ_j - D_j - \Delta t$ $FAZ_j \leq SEZ_i - D_i + \Delta t$	$\geq D_i$	
mit Bezug auf Ende	$SEZ_i \geq FAZ_j + D_j - \Delta t$ $SEZ_j \geq FAZ_i + D_i + \Delta t$	$\geq D_j$	
Bezug zwischen Ende und Anfang	$SEZ_i \geq FAZ_j - \Delta t$ $SEZ_j \geq FAZ_i + D_i + \Delta t + D_j$	≥ 0	
Bezug zwischen Anfang und Ende	$SEZ_i \geq FAZ_j + \Delta t - D_i - D_j$ $SEZ_j \geq FAZ_i + \Delta t$	$\geq D_j + D_i$	

Abb. 8-23   Ausprägungen der Bezugsart „Reihenfolgen von Bedarfen"

Bezugstyp	Dauer	Bedingung	Δt	Beispiel
streng	$D_i = D_j$	$FAZ_i = FAZ_j$ $SEZ_i = SEZ_j$	0	
mit Bezug auf Anfang	undefiniert	$FAZ_i \leq SEZ_j - D_j$ $FAZ_j \leq SEZ_i - D_i$	0	
mit Bezug auf Ende	undefiniert	$SEZ_i \geq FAZ_j + D_j$ $SEZ_j \geq FAZ_i + D_i$	0	

Abb. 8-24   Ausprägung der Bezugsart „Parallelität von Bedarfen"

8.5.2   Klassen für zeitliche Beziehungen

Es wurden in den vorhergehenden Kapiteln drei grundsätzlich verschiedene Beziehungsarten vorgestellt. Tatsächlich lassen sich „Parallelität und Überlappung sowie Reihenfolge" mit Hilfe von zwei Angaben vollständig darstellen:

- Bezugstyp und
- Zeit dargestellt als „Übergangsdauer" zwischen zwei AP-Bedarfen

Die Zeitdauer Δt repräsentiert dabei eindeutig die Beziehungsart, während durch den Bezugstyp die Interpretation der Zeitdauer Δt innerhalb der Beziehungsart ermöglicht wird. Es werden die in Beziehung stehenden Bedarfe durch eine Klasse *TimeRelationEdge* miteinander verknüpft. Dies erfolgt durch attributierte Vorgänger- und Nachfolger-Bedarfe.

Bezugstyp	Bedingung	Δt	Beispiel
mit Bezug auf Anfang	$FAZ_i \leq SEZ_j - D_j - \Delta t$ $FAZ_j \leq SEZ_i - D_i + \Delta t$	$0 < \Delta t < D_i$	
mit Bezug auf Ende	$SEZ_i \geq FAZ_j + D_j - \Delta t$ $SEZ_j \geq FAZ_i + D_i + \Delta t$	$0 < \Delta t < D_j$	
Bezug zwischen Ende und Anfang	$SEZ_i \geq FAZ_j + \Delta t$ $SEZ_j \geq FAZ_i + D_i + \Delta t + D_j$	$0 < \Delta t < D_j + D_i$	
Bezug zwischen Anfang und Ende	$SEZ_i \geq FAZ_j + \Delta t - D_i$ $SEZ_j \geq FAZ_i + \Delta t$	$0 < \Delta t < D_j + D_i$	

Abb. 8-25   Ausprägungen der Bezugsart „Überlappung von Bedarfen"

Die Unterscheidung zwischen Reihenfolge auf der einen Seite und Parallelität und Überlappung auf der anderen Seite wird durch das Plausibilitätskriterium „Ressourcengleichheit" ermöglicht. Ressourcengleichheit zwischen zwei AP-Bedarfen wird durch die Methode CheckConsistency überprüft. Die Klasse *TimeRelationAttrib* enthält als Attribute die Zeitdauer TransitionTime und den Bezugstyp der Beziehung. Das Design der Klassen ist in Abb. 8-26 dargestellt.

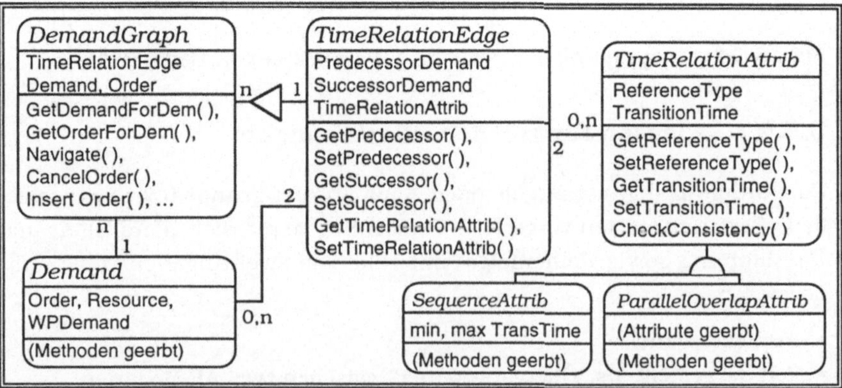

Abb. 8-26   Klassen für die Darstellung von Zeitbeziehungen

8.5.3   Aufbau von Bedarfsnetzen

Das Einfügen von Beziehungen zwischen Bedarfen und Arbeitsplänen führt zum Aufbau einer netzartigen Struktur, das sogenannte Bedarfsnetz. Die einzelnen Beziehungen sind gerichtete Kanten. Die Summe dieser Kanten stellen einen gerichteten azyklischen Bedarfsgraphen dar.

Verfügbare und damit verplanbare Kapazität einzelner Ressourcen lassen sich über die in der Klasse *DemandGraph* vorgesehenen Methoden ermitteln. Es ist somit möglich den DemandGraphen zu „fragen", ob eine Ressource zu einem gegebenen Zeitpunkt oder Zeitrahmen in vorgesehener Menge zur Verfügung steht. Die Menge wird dabei nicht bei der Ressource selbst geführt, sondern über die Zusammenhänge im DemandGraphen ermittelt. Der aktuelle Ort einer Ressource (Transportmittel und mit ihnen die Ladung verändern beispielsweise den Ort) kann über diese Mechanismen ebenso bestimmt werden. An dieser Stelle wirkt sich auch die Einführung der Klasse *ResourceFamily* aus. Ist für die Ausführung eines Arbeitsgangs laut Arbeitsplan kein ganz bestimmter Typ an Ressource sondern lediglich ein Vertreter einer bestimmten *ResourceFamily* notwendig, so ist es möglich, den DemandGraphen pauschal nach der Verfügbarkeit von Vertretern der Ressourcenfamilie zu fragen.

8.6   Plausibilitätskriterien für Arbeitspläne

Der Aufbau der verschiedenen Arbeitsplan-Typen wurde in den vorangegangenen Kapiteln beschrieben. Aufgrund der formalen Vorgehensweise und der getroffenen Designentscheidungen ist es für die benutzerfreundliche Erstellung von Arbeitsplänen möglich, Plausibiltätsprüfungen zu definieren. Sie werden während der Arbeitsplanerstellung herangezogen, um etwaige Fehleingaben zu unterbinden. Darüber hinaus können unzulässige Entscheidungen vom Planungsalgorithmus bei der späteren Anwendung der Arbeitspläne durch frühzeitige Einengung des Suchraumes verhindert werden. In Abb. 8-27 ist beispielhaft die Überprüfung der Plausibilität der Klasse *BufferStockInWP* dargestellt.

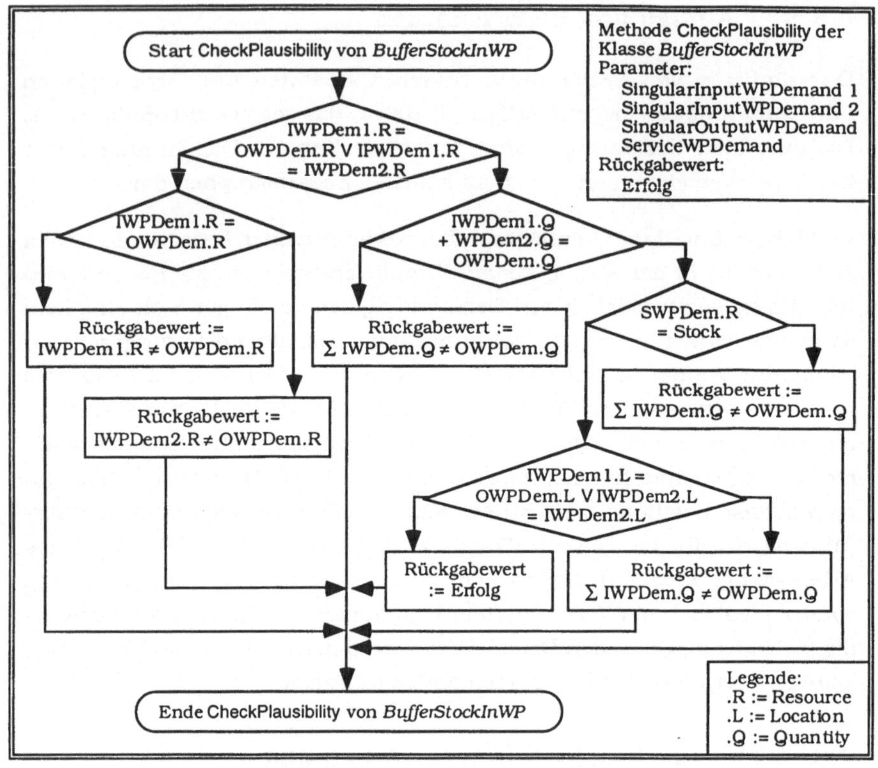

Abb. 8-27   Methode CheckPlausability aus *BufferStockInWP* (nach DIN 66001 /35/)

Bei der Anwendung von AP-Bedarfen, der Zuordnung von Berechnungsverfahren oder der Auswahl von Ressourcen beim Aufbau von Arbeitsplänen dürfen keine vom Typ des Arbeitsplans abhängigen Bedingungen verletzt werden, sonst ist die getroffene Entscheidung unzulässig. Es ist somit vom jeweiligen Typ des Arbeitsplans abhängig, ob eine Auswahl-, Zuordnungs- oder sonstige Entscheidung zulässig ist oder nicht. Zulässig ist der Arbeitsplan, wenn die Plausibilitätsprüfung keine Verletzung arbeitsplantypischer Zusammenhänge hervorbringt, die eine Einhaltung der Bedingungen garantieren. In Anhang C sind die Plausibiltätskriterien der Arbeitsplan-Typen tabellarisch erfaßt. Die Methode CheckPlausibility greift darauf zu.

8.7 Zusammenfassung

Durch die verschiedenen AP-Bedarfe und Ressourcen war es möglich, den Begriff des Arbeitsganges so weit zu abstrahieren, daß die in einem Produktionsverbund wichtigen Arbeiten nach einem Grundmuster vereinheitlicht dargestellt werden konnten. Es wurden Arbeitspläne für den Bereich der Fertigung ebenso dargelegt wie für die Abbildung von Transporten und der Lagerhaltung. Die Lagerhaltung wurde dabei in Pufferlager, Prozeßlager und Funktionslager aufgeteilt. Wichtige „Hilfsarbeitsgänge" wie Splitten und Joinen sowie Kombinieren und Zerlegen wurden erläutert. Anhand von Grafiken wurde die jeweilige Modellvorstellung der Arbeitspläne dargelegt.

Es wurden Plausibilitätskriterien für die verschiedenen Arbeitsplan-Typen definiert. Durch diese Kriterien ist es möglich, eine benutzerfreundliche Definition der verschiedenen Arbeitsplan-Typen vorzunehmen.

Beziehungen zwischen Arbeitsplänen wurden parametrisiert. Zeitliche Beziehungen wurden in die Bezugsarten Reihenfolge, Parallelität und Überlappung aufgetrennt. Die Festlegung von Bedingungen zur Einhaltung der Beziehungen, die Definition von Bezugstypen und von spezifischen „Übergangsdauern" gestattet eine effiziente Planung und Planungsvorbereitung.

9. Modellierung von Berechnungsverfahren

Berechnungsverfahren für die Darstellung komplexer Attribute werden als eigenständige Klassen dargestellt. Sie geben einen Bereich vor, innerhalb dessen das benutzerspezifische Verhalten einzelner Objekte für die Planung eines Produktionsverbundes beschrieben werden kann. Berechnungsverfahren werden in der vorliegenden Arbeit auch als Regeln hinterlegt, auf die bei der Einplanung zurückgegriffen werden kann. Benutzerspezifisches Verhalten kann durch die jeweilige Ableitung besonderer Klassen von vorhandenen Basisverfahren erfolgen. Die Herleitung und Spezifikation von Regelklassen wird am Beispiel der bereits in den vorhergehenden Kapiteln identifizierten Attribute erläutert.

9.1 Verfahren zur Berechnung von Zeitrahmen

Nicht alle für die Ausführung eines Arbeitsplans notwendigen Ressourcen müssen gleich zu Beginn des Arbeitsganges verfügbar sein. Vielmehr ist zu berücksichtigen, daß ein Arbeitsplan durchaus ausgeführt werden kann, wenn die planerische Verfügbarkeit einzelner Ressourcen erst im Rahmen eines festgelegten Zeitrahmens innerhalb des Arbeitsganges gegeben ist. Soll die Beschreibung von Arbeitsplänen Allgemeingültigkeit besitzen, so sind Mechanismen vorzusehen, die es erlauben, innerhalb eines Arbeitsplanes den Bedarfszeitrahmen flexibel darzustellen.

Der Bedarfszeitrahmen gibt in diesem Sinne einen zeitlichen Rahmen an, innerhalb dessen die mit einem Bedarf assoziierten Ressourcen für einen Arbeitsgang bzw. durch einen Arbeitsgang zur Verfügung gestellt werden müssen. Er setzt sich aus zwei Komponenten zusammen: Eine Zeitdauer für die Beschreibung des Beginns des Bedarfszeitrahmens und eine für die Dauer zwischen Beginn und Ende der zu planenden Bedarfsbefriedigung. Der Beginn des Bedarfszeitrahmens wird dabei an einem während der Planung zu ermittelnden Zeitpunkt ausgerichtet.

Eine Unterscheidung zwischen Start- und Endezeitrahmen erfolgt erst während der „Umwandlung" in Arbeitsgang-Bedarfe. Selbstredend wird daher der Begriff „Start" bei der Beschreibung von Zeitrahmenregeln auch für den Begriff „Ende" verwendet, da die Unterscheidung auf Ebene der Methode erfolgt. Zeitrahmenregeln setzen sich aus zwei Bestandteilen zusammen. Eine Teil-Regel für den Start- und eine für den „Dauer"-Zeitrahmen. Desweiteren lassen sich für jede Teilregel eigene Regeln definieren. Abb. 9-1 gibt einen Überblick über die Klassen.

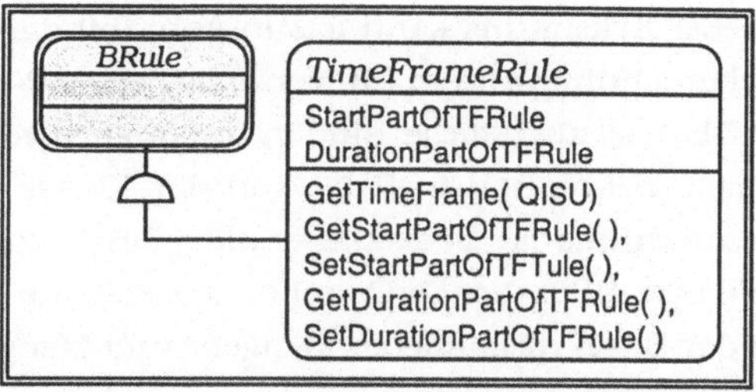

Abb. 9-1   Klasse für Berechnung von Zeitrahmen

9.2   Dauerberechnungsverfahren

Regeln für die Berechnung der Dauer von Arbeitsgängen wurden bereits von OTTERBEIN /96/ diskutiert. Sie sind in weiten Bereichen auch für die dargelegte Anwendung gültig und werden daher übernommen. Allerdings wird bei Otterbein die Dauer ausschließlich als von der Menge abhängig aufgeführt. Vor allem für Veränderliche-AP-Bedarfe sind jedoch weitere Dauerberechnungsverfahren (DBV) vorzusehen, die als Parameter neben der Menge auch den jeweiligen Mengenstrom vorsehen müssen. Darüber hinaus sind bei Transport-Arbeitsplänen neben der isolierten Mengen-abhängigkeit insbesondere auch die zurückzulegende Distanz für die Berechnung der Dauer zu berücksichtigen.

9.2.1   Dauerberechnungsverfahren für Veränderliche-AP-Bedarfe

Die Dauerberechnung für Veränderliche-AP-Bedarfe ist sehr stark an dem Verhalten der Bedarfe gegenüber geänderten Mengen und Mengenströmen auszurichten. Der Mengenstrom $\dot{M}$ einer Ressource kann als mathematische Ableitung einer dem Arbeitsgang über einen Zeitraum zur Verfügung zu stellenden Menge gegenüber der Zeit aufgefaßt werden.

Für die Ermittlung der vorzusehenden Dauer eines Bedarfes wäre bei gegebener Menge bzw. Mengenregel und gegebenem Mengenstrom bzw. Mengenstromregel somit folgende Gleichung nach t_{max} aufzulösen:

$$\text{Menge} \overset{!}{=} \int_{t_0=0}^{t_{max}} \dot{M}\, dt \qquad \text{mit } t_{max} - t_0 = \text{Dauer}$$

Auf der Basis dieser Erkenntnis kann das in Abb. 9-2 dargestellte Design spezieller Dauerberechnungsregeln für Veränderliche-AP-Bedarfe abgeleitet werden. Alle DBV, so auch diese, sind in ihrem Kern von einer gemeinsamen Basisklasse *BRule* und in Folge von der Klasse *BDurationRule* abgeleitet. *BDurationRule* ist Basisklasse aller DBV. Von dieser Klasse wird eine Basisklasse *BDurationForQuantityFlowRule* für die Berechnung von Dauern auf der Basis vorhandener Mengen- und Mengenströme abgeleitet.

9.2.2   Dauerberechnung für Transport-AP-Bedarfe

Die Dauer eines Transport-Arbeitsplanes ergibt sich aus der Anwendung des DBV des am Arbeitsplan beteiligten Transport-AP-Bedarfes. Zentrale Parameter sind der Start- und Zielort des Transportes. Operativ spielt aber auch die Frage nach der jeweiligen Ladung, wie etwa das Gewicht, eine Rolle. Innerhalb dieser Angaben bewegen sich die Möglichkeiten für die Darstellung der Dauer eines Transportes.

Aus der Angabe des Start- und Zielortes läßt sich die zu überbrückende räumliche Distanz ermitteln. Über die Methode GetDistance( ) der Klasse *DistanceForLocationsRule* kann die Distanz zwischen zwei Orten ermittelt werden. Die Distanz kann dabei in Matrizen niedergelegt werden, auf die die Methode zugreift.

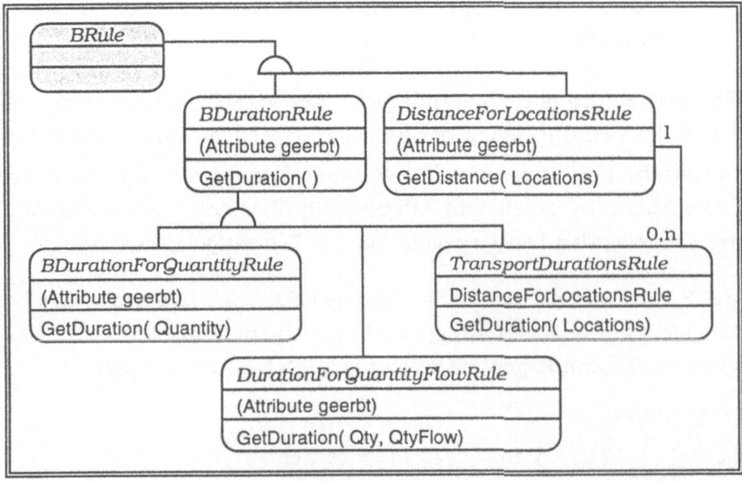

Abb. 9-2   Klassen für die Dauerberechnung von Veränderlichen- und Transport-AP-Bedarfen

Verschiedene Transportmittel benötigen unterschiedliche Zeit, um eine vorgegebene Wegstrecke zurückzulegen. Es ist daher günstig, die Klasse *TransportDurationRule* in Abhängigkeit von dem im Arbeitsplan spezifizierten Transportmittel zu spezifizieren. Die Methode GetDuration( ) kann dabei „beliebig" komplex sein; einerseits muß sie in der Lage sein, die Dauer auf der Basis einer vorgegebenen Distanz zu ermitteln, andererseits muß auch die Angabe von zwei Orten hierfür ausreichend sein. Darüber hinaus kann durch Angabe des Gewichts die Abhängigkeit der Transportdauer von der Menge zu transportierender Teile berücksichtigt werden.

9.3 Berechnungsverfahren für Mengen

Eine Ressource weist gegenüber dem mit ihr in Beziehung stehenden Arbeitsplan ein bestimmtes Mengenverhalten auf, das durch verschiedenen Berechnungsverfahren beschrieben wird. Diese werden im AP-Bedarf hinterlegt und bei der Anwendung des Arbeitsplans aufgerufen.

Mit der Mengenregel wird für einen AP-Bedarf ermittelt, in welcher Menge die mit dem AP-Bedarf assoziierte Ressource zur Verfügung gestellt werden muß, um eine bestimmte im Arbeitsplan dargestellte Einheitsmenge StandardQuantity beispielsweise produzieren zu können. Der Begriff „Menge" kann je nach Anwendungsfall die Dimension „Anzahl, Volumen oder Masse" beschreiben. Allerdings verhält sich die Menge nicht immer proportional zur angebenen Einheitsmenge (vgl. Abb. 9-3). Es gibt Ressourcen, die nur in bestimmten Mengeneinheiten abgerufen werden können. Eine damit verbundene Mengenregel würde man als Sprungfunktion darstellen.

Der Basisschlüssel eines Arbeitsplanes gibt die Einheitsmenge wieder, in der das zu fertigende Produkt im Zuge einer einmaligen Ausführung eines Arbeitsganges hergestellt werden kann:

- eine Stanzmaschine stanzt aus einem Blech mit im Arbeitsplan definierter Größe pro Hub 10 Blechteile. Die Einheitsmenge wäre 10.
- eine Druckgußmaschine produziert mit einem vorgegebenen Werkzeug pro Schuß 4 Teile. Die Einheitsmenge beträgt 4.

Die Anwendung der Mengenregeln bei Transporten wie auch bei Lagern erfolgt nach ähnlichen Gesichtspunkten. Maßgebend für Aussagen bzgl. der Menge ist die Anzahl an Transporthilfsmitteln, die transportiert bzw. gelagert werden. Ein Transportmittel hat im Hinblick auf das Volumen und die Fläche zumeist genormte vorgegebene Maße. Auf diese Maße beziehen sich Aussagen bzgl. verfügbarer und notwendiger Kapazität.

Die Anzahl an Transporthilfsmitteln, um eine bestimmte Menge an Teilen zu transportieren oder zu lagern, läßt sich leicht über die Attribute Volume und Space der Klassen *Material* und *MeansOfTransport* ermitteln. Der Vorgang selbst kann über die Klasse *SetUpWP* dargestellt werden. Die Mengenregel im AP-Bedarf des Transporthilfsmittels referenziert auf die Einheitsmenge.

9.4 Verfahren zur Berechnung des Mengenstroms

Mengenströme besitzen vor allem im Bereich der Prozeßindustrie erhebliche Bedeutung bei der Gestaltung des Produktionsprozesses. Prozesse sind u.U. nicht „mengengesteuert" sondern basieren auf der Angabe eines notwendigen Mengenstroms über eine bestimmte Zeitdauer. Die Menge eines Bedarfs ist für diesen Fall nicht von einer Arbeitsplanmenge, sondern von der Dauer und dem Mengenstrom abhängig. In Abb. 9-3 sind wesentliche Mengenstromregeln im Zusammenspiel mit der dem Prozeß zugeführten Menge dargestellt. Dabei wurde angenommen, daß der Mengenstrom in erheblicher Weise vom Parameter Zeit bestimmt wird.

Mengenstrom $\dot{M}$ =	Menge M =	Veranschaulichung
konstant	konstant $\cdot$ D	
$m \cdot t$ für $m > 0$	$\frac{m}{2} \cdot D^2$	
$e^{(m \cdot t)}$ für $m > 0$	$\frac{1}{m} \cdot e^D$	
$\frac{m}{t}$ für $m > 0$	$m \cdot \ln D$	
Legende:	$t \mathrel{\hat{=}} \text{Zeit}$ $D \mathrel{\hat{=}} \text{Dauer}$	$M \mathrel{\hat{=}} \text{Menge}$ $m \mathrel{\hat{=}} \text{Konstante}$

Abb. 9-3   Beispiele für dauerabhängige Berechnungsverfahren für Mengenströme

Allerdings kann der Mengenstrom eines AP-Bedarfes auch vom Mengenstrom eines anderen AP-Bedarfes innerhalb eines Arbeitsplanes beeinflußt werden. Bis zu einem gewissen Grad ist beispielsweise der Volumenstrom an „verbrauchtem" Lack in einer Spritzlackieranlage an die dem „Prozeß" pro Zeiteinheit zugeführten Menge an Lack gekoppelt. Diese Art der Verknüpfung zweier Stoffströme kann sehr einfach abgebildet werden. Bei den in Abb. 9-3 dargestellten Mengenstromregeln muß lediglich die Abhängigkeit von der Zeit t durch die vom Mengenstrom $\dot{M}$ ersetzt werden.

9.5 Verfahren zur Kostenberechnung

Ein AP-Bedarf an einer Ressource und der zugehörige Arbeitsplan hat neben dem Mengen-, Dauer- und, in Einzelfällen, Mengenstromverhalten auch ein sehr spezifisches Kostenverhalten. Allerdings weist das Kostenverhalten in einem wichtigen Punkt andere Zusammenhänge auf: die Zeitabhängigkeit von Kosten kann nicht nur relativ, sondern auch absolut sein. Absolute Zeitabhängigkeit bedeutet, daß der Zeitpunkt der Inanspruchnahme eine wichtige Größe bei der Berechnung der Kosten darstellt. Damit unterscheidet sich das Verhalten des Kostenattributes von dem der anderen Attribute. Bei diesen spielt ausschließlich der relative Zeitpunkt eine tragende Rolle. Die Entlohnung von Mitarbeitern oder der Stromtarif bei Nacht machen den Unterschied deutlich:

- Nachtarbeit wird für gewöhnlich höher entlohnt als Schichtarbeit am Tage. Bis 18.00 Uhr wird dann beispielsweise nach Normaltarif entlohnt, während von 18.00 am Abend bis 6.00 Uhr in der Früh die Zulage für Nachtschicht maßgebend ist.
- Ab 23.00 Uhr in der Nacht senken die Energieversorgungsunternehmen die Strompreise, während am Tage der Normaltarif die Grundlage für die Kostenermittlung darstellt.

Neben der absoluten Zeitabhängigkeit sind allerdings auch andere Parameter wie Menge, Mengenstrom und Dauer für die Kostenberechnung heranzuziehen. Für die Kostenplanung sind darüber hinaus diejenigen AP-Bedarfstypen entscheidend, die in der Summe das Kostenverhalten der Arbeitsgänge bestimmen. In Anhang D ist die Einschätzung der verschiedenen Kostenparameter auf einzelne Arbeitsgang-Typen dargelegt.

Kostenregeln werden in drei verschiedene Kategorien aufgeteilt. Es kann wie auch beim Mengenstrom nach fixen, sprungfixen und variablen Zusammenhängen unterschieden werden (vgl. Abb. 9-3). Weiter ist es möglich, beispielsweise die Kosten eines Ausgangs-Bedarfs z.B. ein Fertigprodukte aus der Summe der Eingangs- und Ausgangs-Bedarfe zu berechnen. Die hierfür bereitgestellte Regel ermittelt über die Methode GetCost() die betreffenden Ergebnisse der Kostenregeln der entsprechenden Bedarfe.

9.6 Funktionen für Dauer-, Mengen-, Mengenstrom- und Kostenberechnungsverfahren

Die parametrisierbaren Verfahren für die Berechnung von Mengen, Mengenstrom, Dauer und Kosten wurden diskutiert. Dabei sind erstaunlich gleichgerichtete Verhaltensmerkmale zu Tage getreten. Im Sinne der Objektorientierung erscheint es daher sinnvoll, die Gemeinsamkeiten der genannten Regeln in eine gemeinsame Basisklasse zusammenzufassen. Insbesondere mathematische Zusammenhänge sind bei allen Regeln auf gleiche Grundfunktionen zurückzuführen (vgl. Abb. 9-4).

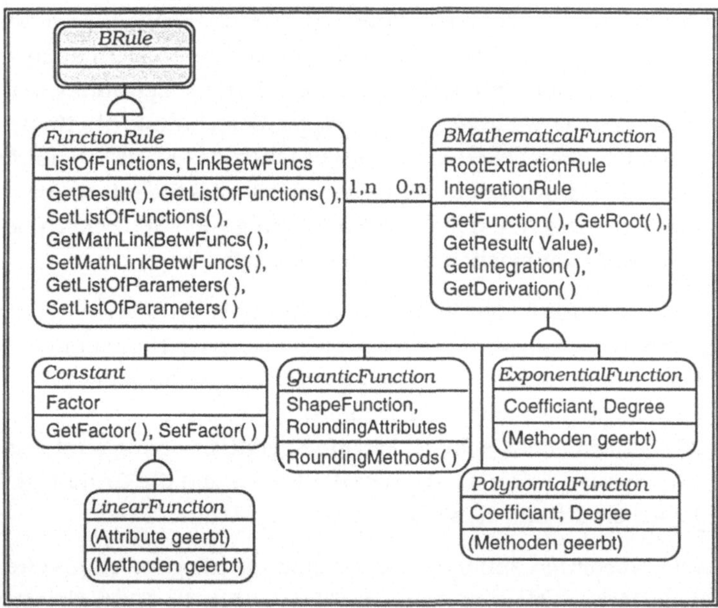

Abb. 9-4   Klassen für Funktionen und ihr Zusammenwirken mit Regeln

Alle mathematischen Funktionen sind von der Klasse *BMathematicalFunction* abgeleitet, in der Regeln für die Ableitung und Integration der Funktionen hinterlegt sind. Mit der Klasse *FunctionRule* werden mehrere mathematische Funktionen zu neuen Funktionen assoziiert.

In den beschriebenen Regeln für Mengen, Mengenstrom, Dauern und Kosten wird auf die Klasse *FunctionRule* referenziert. In dieser Klasse sind alle grundlegenden Attribute und Methoden enthalten, um die den spezifischen Regeln entsprechenden Ergebnisse zu berechnen.

9.7 Verfahren zur Berechnung von Unterbrechungen

Für jeden AP-Bedarf kann definiert werden, ob die planerische Möglichkeit besteht, den Arbeitsgang-Bedarf für eine gewisse Zeitdauer bzw. zu einem bestimmten Zeitpunkt zu unterbrechen. Daraus entstehende Folgen einer innerhalb der Einplanung vorgesehenen Unterbrechung eines Arbeitsganges sind an abhängige Arbeitsgang-Bedarfe (vgl. Kapitel 8.5) zu propagieren. Es kann zwischen zwei Arten der Unterbrechung unterschieden werden (vgl. Abb 9-5):

- Unterbrechen von bereits eingeplanten Bedarfen
- Unterbrechen von einzuplanenden Bedarfen

Nicht jeder Bedarfstyp kann entsprechend den beiden Unterbrechungsarten unterbrochen werden. Zum einen gibt es Bedarfsart-immanente Restriktionen und zum anderen Einschränkungen, die an das Zeitfenster-Verhältnis der direkt an der Unterbrechung beteiligten Bedarfe gekoppelt sind (vgl. Bedarf ② und ④ in Abb.9-5). So können einzelne *SingularIO-WPDemands* nicht unterbrochen werden, da sie keine zeitliche Ausdehnung besitzen. Hingegen können *MutableIO-* und *ServiceWPDemands* aufgrund der Spezifikation von Zeitdauern pausieren.

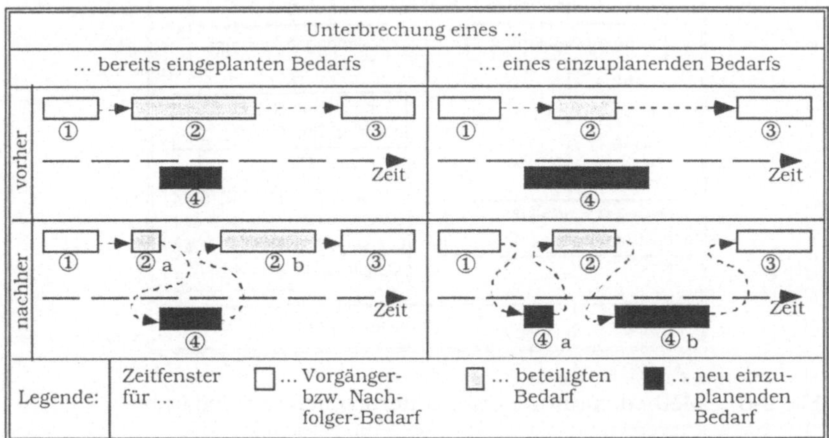

Abb. 9-5   Unterbrechen bereits eingeplanter bzw. einzuplanender Bedarfe

Die Frage nach „Unterbrechbarkeit" eines Bedarfes ist im Falle von ServiceBedarfen nicht ausschließlich im Bereich der Planung wichtig. Insbesondere im Rahmen der Auftragsausführung kann es durch unvorhergesehene und damit nicht planbare Ereignisse, wie beispielsweise

Maschinenschäden, notwendig sein, bereits eingeplante Bedarfe zu unterbrechen. An dieser Stelle kann planungsseitig bereits das steuerungsseitige Verhalten des Planungssystems beschrieben werden. Die Definition von Unterbrechungsregeln ermöglicht daher einen fließenden Übergang zwischen Planung und Steuerung. Abb. 9-6 stellt die methodische Vorgehensweise beim Unterbrechen bereits eingeplanter und neu einzuplanender Bedarfe einander gegenüber. Es wird deutlich, daß die Unterbrechung eines einzuplanenden Bedarfs aufwendiger ist als die eines bereits eingeplanten. Insbesondere die Destruktion der Zeitbeziehung zwischen ① und ② sowie ② und ③ findet kein Pendant auf der Gegenseite.

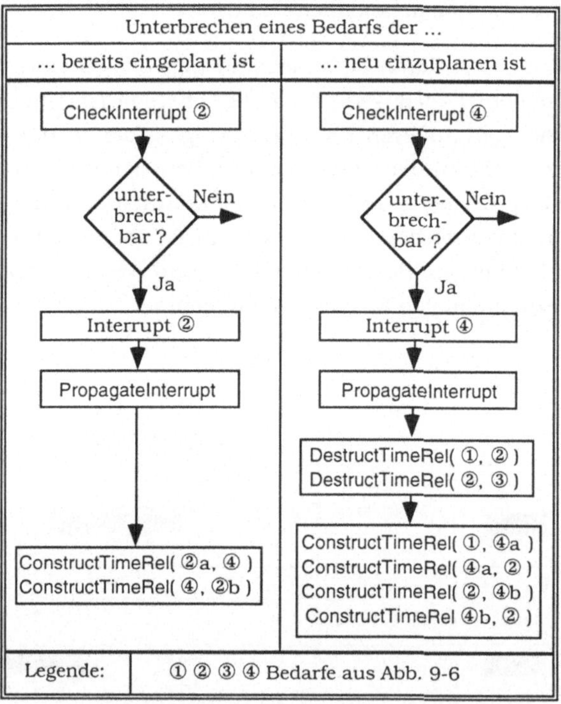

Abb. 9-6   Methodenaufrufe beim Unterbrechen von Bedarfen

Die in Abb. 9-6 dargestellte Vorgehensweise führt zur Einführung der Klasse *InterruptRule* und der Einbindung der Klasse *TimeRelEdge*, um Unterbrechen in objektorientierter Notation darzustellen (Abb. 9-7). Hinter dem Begriff „Interrupt" verbirgt sich für beide Fälle der in Kapitel 8 diskutierte Arbeitsgangtyp „Splitten". Dies bedeutet, daß die Arbeitsgang-Klasse *SplitWP* ebenfalls in die Unterbrechung eines Bedarfes durch Methodenaufruf einbezogen wird.

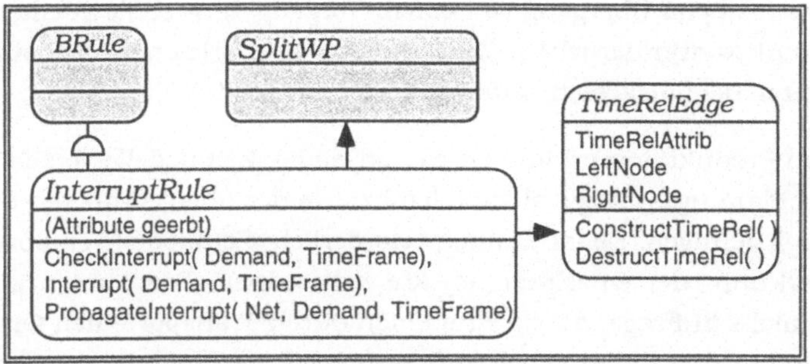

Abb. 9-7   OOD eines Unterbrechungsvorgangs

9.8   Zeitmodell

Die Formulierung des Zeitmodells hat erheblichen Einfluß auf die Genauigkeit von Zeitangaben zu planender Ereignisse. Höchste Genauigkeit wird durch ein kontinuierliches Zeitmodell erreicht. Allerdings sind derartige Vorgaben für die Planung häufig wenig zweckmäßig, da durch das zumeist stochastische Verhalten von Produktionsprozessen Echtzeit-Regelkreise aufgebaut werden müßten, die einen zu geringen Nutzwert nach sich ziehen. Vorgänge, die in der Realität zu beliebig verteilten Zeitpunkten zwischen den Zeitpunkten des Zeitrasters stattfinden, sind im Modell nur zu ausgewählten Zeitpunkten zu beobachten. Durch eine Zuordnungsregel sind diese Vorgänge daher auf einen oder mehrere benachbarte Zeitpunkte zu projizieren (vgl. Abb. 9-8).

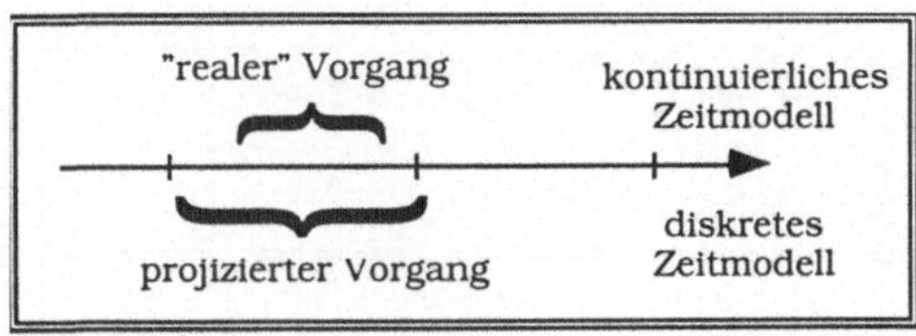

Abb. 9-8   Einordnung von Vorgängen in unterschiedlichen Zeitmodellen

Dem Übergang von der Realität zum diskreten Zeitmodell liegt die Vorstellung zugrunde, daß der Arbeitsinhalt eines Arbeitsganges und damit auch die mit ihm in Verbindung stehenden Bedarfe erhalten bleibt. Dies bedeutet, daß bei „virtueller" Veränderung der Bedarfsdauer auch die Menge eine Veränderung erfährt, die durch eben diese Gleichung ausgedrückt werden kann. Allgemein wird die Verknüpfung von Arbeitsinhalt, Dauer und Menge über eine Regel abgebildet, die in die Klasse *BWPDemand* als Methode GetDuration( ) einfließt (vgl. Abb. 7-1). Die Vorgehensweise beim Übergang von einem Vorgang dargestellt in einem Zeitmodell mit kontinuierlichem Zeitraster zu dem „gleichen" Vorgang dargestellt in einem diskreten Zeitmodell wird in Abb. 9-9 dargelegt.

In einem Produktionsverbund ist es notwendig, Zeitmodelle verschiedener (lokaler) Planungssysteme abzubilden bzw. in der übergeordneten Planung zu berücksichtigen. Es ist deshalb erforderlich, Zeitmodelle entsprechend der „Herkunft" der einzelnen Objekte zuzuordnen. Ressourcen kommen hierfür nicht in Frage, da sie zum einen durch Transporte den Ort wechseln können und damit von einem Zeitmodell in ein anderes übergehen. Zum anderen kann eine Ressource auch über die Zeit hinweg verschiedene Zeitmodelle aufweisen. Objekte der Klasse *OrderWP* sind hingegen durch ihren direkten Bezug zu einem Auftrag ortsgebunden und zeitbezogen. Sie eignen sich daher, Informationen über das jeweilige Zeitmodell bereitzuhalten.

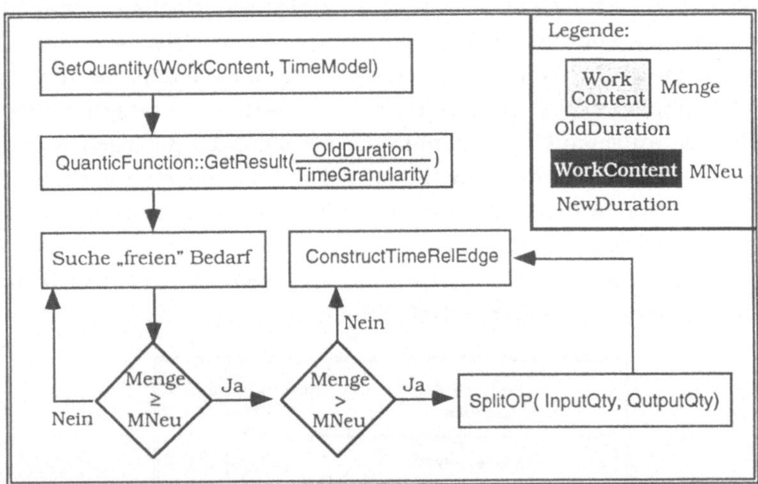

Abb. 9-9   Übergang vom kontinuierlichen zum diskreten Zeitmodell

Das Design der Klasse *TimeModel* ist in Abb. 9-10 dargestellt. Die Verknüpfung der Klasse *TimeModel* erfolgt über die Klasse *Location*, die mit dem Attribut TimeModel Kenntnis über das ortsabhängige Zeitmodell besitzt. Objekte der Klasse *FunctionRule* wiederum beschreiben die Zeitabhängigkeit der TimeGranularity. Ein Auftrag assoziiert seinerseits die Objekte der Klasse *Location.* Von der Klasse *Order* ist der *InternalOrder* abgeleitet mit dem der jeweilige *OrderWP* assoziiert ist.

Durch den Übergang vom kontinuierlichen zu einem definierten diskreten Zeitmodell ist die Möglichkeit verbunden, neben der rein sequentiellen Belegungsplanung auch die parallele Belegungsplanung zu berücksichtigen. Parallele Belegungsplanung bedeutet die zeitgleiche Zuordnung einer Ressource zu mehreren Arbeitsgängen. Damit kann ein vorhandener Bedarf an einer Ressource für einen bestimmten Zeitraum mengenmäßig auf mehrere Bedarfe aufgeteilt werden.

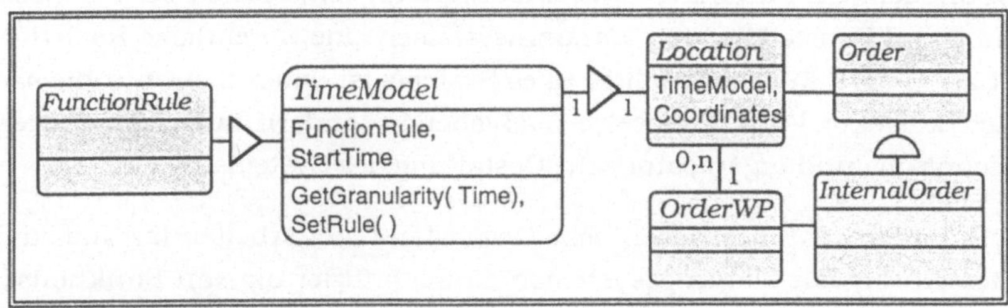

Abb. 9-10   OOD der Klasse TimeModel

9.9   Zusammenfassung

Ein AP-Bedarf an einer Ressource ist durch den Ort, den Zeitrahmen, die Menge, die Kosten und die Dauer sowie eventuell dem Mengenstrom gekennzeichnet. Die Beschreibung erfolgt durch Regelattribute. Das gemeinsame Verhalten der Attribute wurde durch die eingeführte Klasse *FunctionRule* berücksichtigt. Durch das konsequente objektorientierte Vorgehen wurde gewährleistet, daß nicht für jedes Regelattribut eigene Regeln definiert werden müssen. Vielmehr kann auf einen gemeinsamen „Pool" an Funktionen zurückgegriffen werden.

Die Einführung der *InterruptRule* ermöglicht im Zusammenspiel mit den Klassen *SplitAP* sowie *TimeRelEdge*, bereits eingeplante Bedarfe oder noch zu verplanende Aufträge entsprechend der Planungsstrategie zu unterbrechen.

Das ortsabhängige Zeitmodell wurde durch die Klasse *TimeModel* dargestellt. Durch die Zuordnung von Ressourcen, Aufträgen und Arbeitsplänen zu einem Ort wurde die Voraussetzung geschaffen, daß unterschiedliche Zeitmodelle lokaler Systeme berücksichtigt werden können. Die planerische Umgang mit verschiedenen Zeitmodellen wurde beschrieben.

10. Implementierung des Modells

10.1 Architektur von System- und Anwendungsbausteinen

Charakteristisch für moderne Planungssysteme ist, daß sie neben den eigentlichen PPS-Merkmalen (vgl. Kapitel 3.2.2) auch eine Reihe von allgemeinen Merkmalen aufweisen, die sich insbesondere aus der Realisierung des Systems ergeben. Diese allgemeinen Merkmale, wie z.B. Benutzerfreundlichkeit, Flexibilität und Leistungsfähigkeit, spielen bei der Gestaltung und Beurteilung von Planungssystemen eine wesentliche Rolle (ROOS et al. /105/). Für die Qualität eines Systems ist daher nicht nur die sachlich korrekte Funktionsweise maßgebend, sondern auch die effiziente technische und organisatorische Gestaltung des Systems.

DIN fordert, daß der wesentliche Gegenstand von Arbeiten im Umfeld der Gestaltung von Planungssystemen die Identifizierung von Funktionselementen, deren Strukturierung und die Entwicklung von Verfahren zur Schaffung eines voll integrierten Funktionsnetzes im Sinne einer unternehmensneutralen Grundstruktur sein muß (DIN /37/). Als wesentliches Element ergibt sich hieraus die Notwendigkeit zum Aufbau einer formalen Architektur des Systems.

Der in dieser Arbeit verwendete Architekturbegriff orientiert sich an den essentiellen Eigenschaften des Systems bzw. seiner Komponenten (STRUNZ /122/). Für deren vollständige Beschreibung wird zwischen der Architektur der Anwendungsbausteine und der des zu erstellenden Systems unterschieden (vgl. Abb. 10-1).

Architektur bzgl. ...		Anwendungsbausteinen			
		Arbeitsplan	Ressourcen	Arbeitsgang	Planungsalgorithmen
Systembausteinen	Benutzungsoberfläche	●	●	◐	◐
	Funktionalität	◐	○	○	●
	Datenhaltung	●	●	●	○
Legende: ● detaillierte ... ◐ geringe ... ○ keine Beschreibung					

Abb. 10-1 Zusammenhang von Anwendungs- und Systembausteinen

10.2   Beschreibung der Bausteine der Systemarchitektur

10.2.1   Systemumgebung

Die Implementierung des Modells wurde auf der Basis der in Kapitel 6 bis 9 beschriebenen Klassen durchgeführt. Als Systemumgebung wurden SUN-Workstations bzw. 486er PC´s mit den Betriebssystemen UNIX bzw. MS-Windows 32s eingesetzt. Als Programmiersprache wurde C++ gewählt. Die Benutzungsoberfläche wurde mit dem von Systemplattformen weitgehend unabhängigen Klassensystem GRITplus (GFT /52/) bzw. dem ISA Dialogmanager (RAETHER /101/) erstellt. Hierdurch konnte eine hohe Portabilität und eine einfache Anbindung an die Anwendungsbausteine erzielt werden. Die Dokumentation erfolgte mit HTML (z.B. NCSA /92/).

Die Persistenz der Daten wurde durch die optionale Anbindung an relationale als auch an objektorientierte Datenbanken (OODB) sichergestellt. Während die Abstützung der Klassen auf OODBs problemlos erfolgen konnte, war die Kopplung an relationale Datenbanken nur durch die Implementierung geeigneter Hilfskonstrukte möglich. In Abb. 10-2 ist die implementierte Systemarchitektur dargestellt.

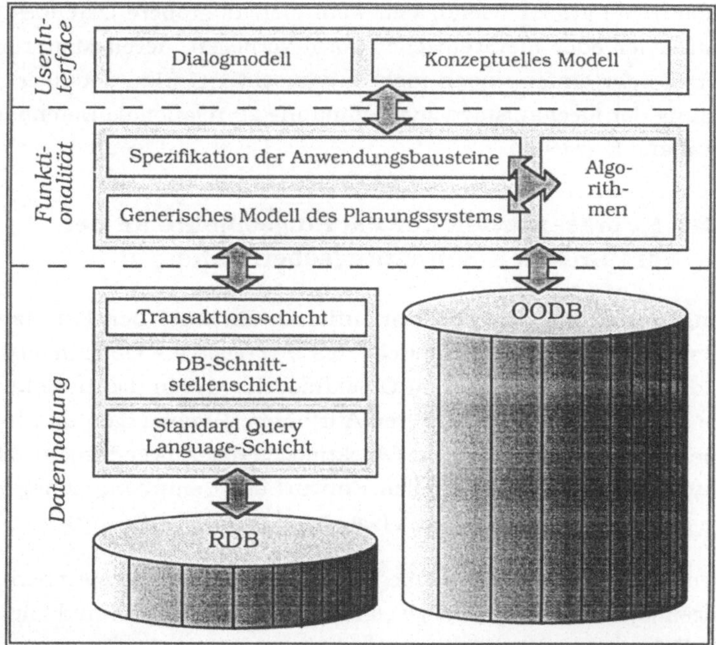

Abb. 10-2   Systemarchitektur

Durch die bewußte Trennung von Anwendung und Grafischer Benutzungsoberfläche einerseits und Datenhaltung andererseits konnte ein hohes Maß an Portabilität sichergestellt werden.

10.2.2 Datenbankanbindung

Für objektorientierte Applikationen bieten sich vor allem Realisierungen mittels objektorientierter Datenbankmanagementsysteme (ODBMS) an. Diese bieten eine enge semantische Ähnlichkeit zu den objektorientierten Programmiersprachen, unterstützen das objektorientierte Paradigma und ermöglichen, daß das Datenmodell in der Applikation und in der Datenbank identisch sind. Frühere Datenbankkonzepte (hierarchisch oder relational) machen stets ein zweites Datenmodell notwendig, welches parallel zum Datenmodell der Applikation gepflegt werden muß.

Auf dem noch relativ jungen Markt objektorientierter Datenbankmanagementsysteme (ODBMS) sind inzwischen mehrere Anbieter präsent; mit einem vermehrten Einsatz dieser Systeme in den nächsten Jahren kann gerechnet werden. Dennoch bestand die Notwendigkeit, objektorientierte Systeme an nicht objektorientierte Datenbanken anzubinden. Dies ist vor allem dann von großer Wichtigkeit, wenn bereits größere Datenbestände in relationaler oder hierarchischer Form vorliegen, deren Migration zu aufwendig oder einfach noch nicht erwünscht ist. Eine detaillierte Beschreibung der Mechanismen zur Anbindung an relationale Datenbanken ist in Anhang E gegeben.

10.2.3 Repräsentation der Planungsobjekte an der graphischen Benutzungsoberfläche

Ausgangspunkt für den objektorientierten Entwurf der Benutzungsschnittstelle ist das in den Kapitel 7 bis 9 vorgestellte Objektmodell des Anwendungsbereichs. In diesem Objektmodell wurden die Anwendungsobjekte aus Benutzersicht mit ihren Attributen, Beziehungen und Methoden spezifiziert. Gegenüber dem Objektmodell der Anwendungsspezifikation mußten beim konzeptionellen Entwurf der Benutzungsschnittstelle weitere Objekte betrachtet werden (vgl. JANSSEN /71/, CUA /30/):

- Datenobjekte, die die eigentlichen Daten der Anwendung speichern.
- Mengenobjekte, die eine Menge von Objekten strukturiert und mit Zugriffsfunktionen dem Benutzer anbieten.
- Werkzeugobjekte, die Funktionen für andere Objekte bereitstellen.

Die zentralen Datenobjekte des vorgestellten Modells der Planung von Produktionsverbünden bilden die Arbeitsplan-Typen, die verschiedenen AP-Bedarfs-Typen und die Ressourcen. Das jeweilige planerische Verhalten der Arbeitspläne wird über verschiedene Berechnungsverfahren gesteuert. Beziehungen werden über die Klasse *TimeRelationEdge* bzw. deren Attribut TimeRelAttrib dargestellt. Ressourcen- bzw. AP-Bedarfs-spezifisches zeitabhängiges Verhalten wird über ein individuelles Zeitmodell abgebildet. In Abb. 10-3 ist die Umsetzung des Objektmodells der Anwendung in ein konzeptionelles Modell der Benutzungsschnittstelle am Beispiel des Transportarbeitsplans beispielhaft dargestellt.

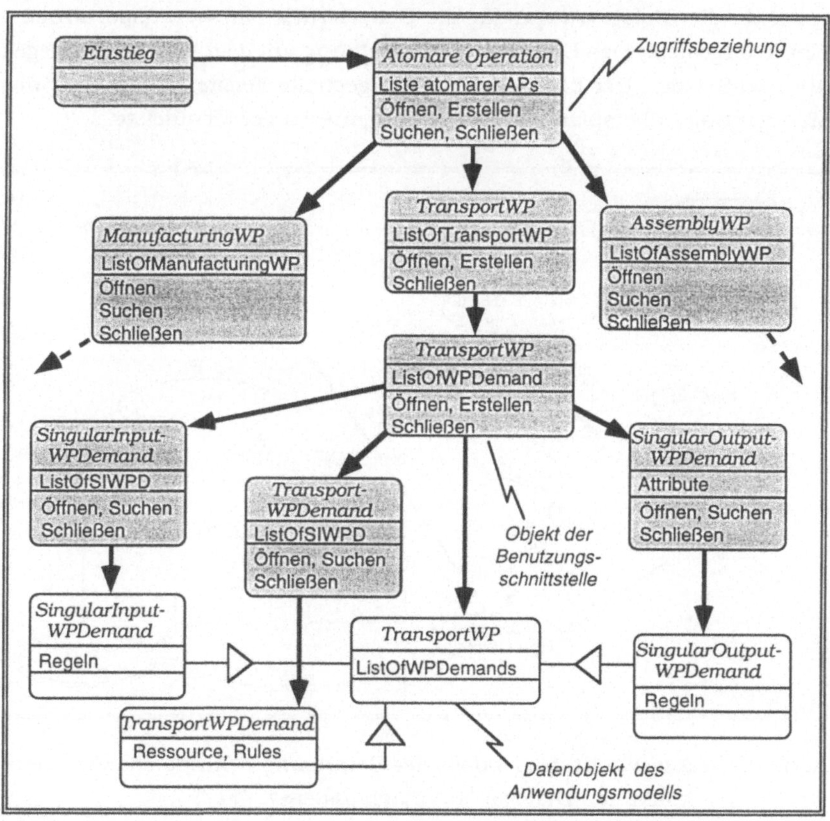

Abb. 10-3   Konzeptionelles Modell der Benutzungsschnittstelle

Im Objektmodell der Benutzungsschnittstelle sind die Beziehungen zwischen den einzelnen Objekten gerichtete Zugriffsbeziehungen. Als geeignete Kandidaten für solche Zugriffsbeziehungen wurden die Objekte mit Aggregations- bzw. Assoziationsbeziehungen herangezogen.

Die Strukturierung der Benutzungsschnittstelle erfolgte mit dem Ziel, die Aufgabenbearbeitung mit möglichst wenigen Zugriffen zu ermöglichen. Dennoch wurde ein Überladen der einzelnen Darstellungen bewußt vermieden. Dies konnte durch die Spezifikation verschiedener logischer Sichten erzielt werden (vgl. ZIEGLER et al. /139/).

Die genannten Objekttypen und Dialogstrukturen wurden in geeigneter Weise mit Hilfe eines Werkzeugs zur Erstellung Grafischer Benutzungsoberflächen realisiert. Das herausragende Merkmal des Werkzeuges ist die Portierbarkeit über zahlreiche Plattformen hinweg sowie die problemlose Möglichkeit der Anbindung an C++-Klassensysteme. In Abb. 10-4 ist beispielhaft die Dialogstruktur für die Generierung eines Transportarbeitsplans dargestellt. Das Ergebnis der Umsetzung mit dem Werkzeug spiegelt Abb. 10-8 wider. Der Einstieg in das dargestellte Fenster erfolgt über den Menüeintrag Arbeitsplan im Punkt Konfigurieren der Menüleiste.

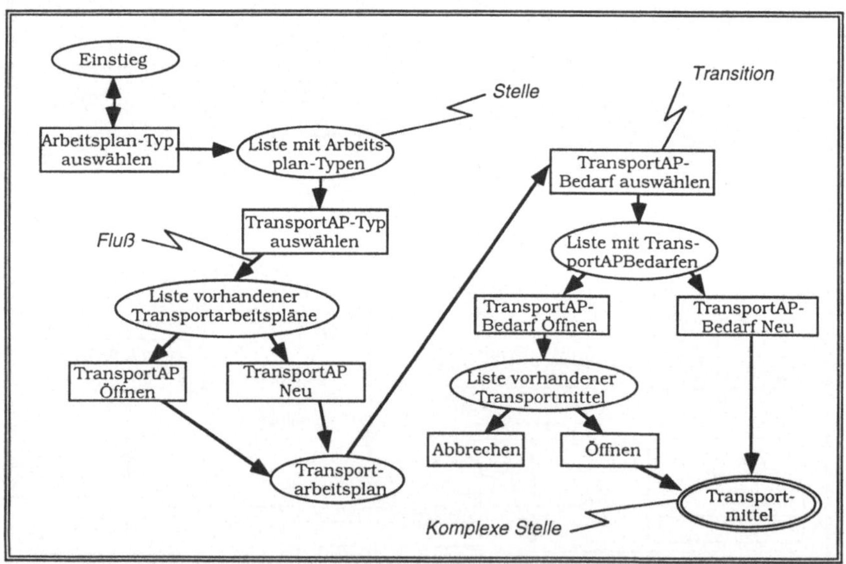

Abb. 10-4   Ausschnitt des Modells der Benutzungsschnittstelle für einen konkreten Dialogablauf (nach JANSSEN /71/)

10.3   Zusammenwirken der Anwendungsbausteine

Wurde in Kapitel 10.2 die Systemarchitektur beschrieben, so ist es Ziel dieses Kapitels, das Zusammenwirken der Anwendungsbausteine bei der Durchführung grundlegender Benutzeraktionen darzulegen. Als grundlegende Benutzeraktionen wurden die in Abb. 10-5 aufgeführten erkannt. Die Modellbeschreibung der jeweiligen Anwendungsbausteine wurde detailliert in den Kapiteln 7 bis 9 erläutert. Das Zusammenwirken bei unterschiedlichen Benutzeraktionen wird in den folgenden Kapiteln dargelegt.

Aktion \ Anwendungsbausteine	Arbeitsplan	AP-Bedarf	Ressource	AuftragsBedarf	Auftrag	Regeln	Algorithmen
Def. Ressourcen	○	◑	●	○	○	○	○
Def. Arbeitsplan	●	●	◑	○	○	◑	○
Definition Auftrag	◑	○	○	●	●	●	○
Einplanung Auftrag	●	●	◑	●	●	●	●

Legende: ● Inhalt der Aktion ◑ Referenzierung ○ ohne Bedeutung

Abb. 10-5 Anwendungsbausteine bei verschiedenen Benutzeraktionen

Zur Verdeutlichung der Zusammenhänge wird auf die von ZIEGLER /138/ vorgestellte Modellierungsmethode der „Task-Object Charts (TOCs)" zurückgegriffen. Gegenüber rein objektorientierten Methoden kann durch TOCs insbesondere auch das dynamische Verhalten von Objekten im Zusammenspiel mit den zu verrichtenden Aufgaben dargestellt werden. In Abb. 10-6 ist die oberste TOC-Ebene eines auf dem Modell basierenden Planungssystems abgebildet.

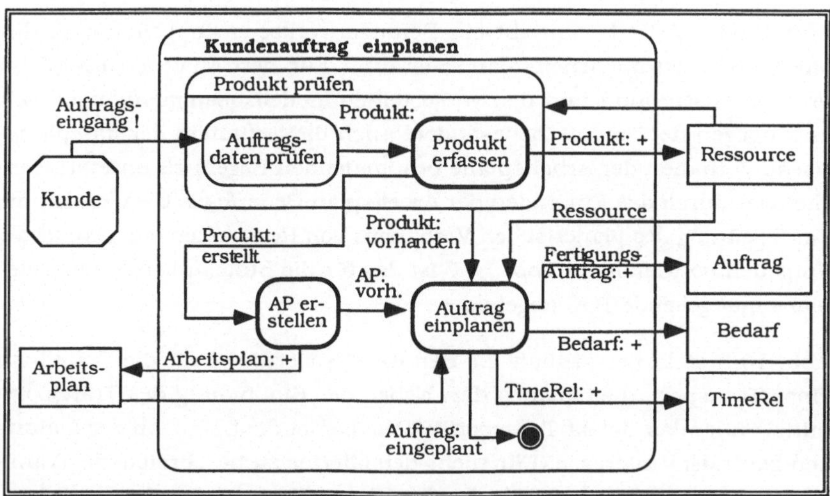

Abb. 10-6 TOC für die Auftragsabwicklung

Ausgehend von der obersten „TOC-Ebene" werden in Kapitel 10.3.2 sowie 11.1.2 die für die Konfiguration von Ressourcen, die Definition von Arbeitsplänen sowie die für die Belegungsplanung relevanten Aktionen mit Hilfe von TOCs dargestellt.

10.3.1 Konfiguration von Ressourcen

Bei der Definition und Konfiguration von Ressourcen werden alle relevanten Attribute, die das statische Verhalten der Ressourcen beschreiben, spezifiziert. Das dynamische Verhalten ist vom Arbeitsplan abhängig, aus diesem Grund werden beispielsweise zeitlich variante Merkmale der Ressourcen über abgeleitete Objekte der Klasse Arbeitsplan-Bedarf gesteuert. Dies bedeutet, daß eine Ressource im Kontext verschiedener Arbeitspläne ein unterschiedliches Verhalten aufweisen kann. Das Vorgehen für den letztgenannten Fall wird in Kapitel 10.3.2 besprochen.

10.3.2 Arbeitsplan-Gestaltung

Das Anlegen oder die Änderung von Arbeitsplänen erlaubt die Zuordnung von Ressourcen (Werkzeuge, Maschinen, Material, Arbeitsplätze, Transportmittel, Mitarbeiter) und eine Festlegung des Zeit-, Mengen- und Mengenstromverhaltens dieser Ressourcen. Darüber hinaus ist es möglich, die Reihenfolge einzelner Arbeitspläne beim Aufbau von Arbeitsplan-Netzen zu definieren und gegebenenfalls alternative Arbeitspläne festzulegen.

KRONEBERG /76/ beschreibt ein Benutzerwerkzeug für Leitstände, das *Modifikationen* an Arbeitsplänen erlaubt. Für den Anwendungsfall im Produktionsverbund und den vorgestellten Modellzusammenhängen war es hingegen notwendig, insbesondere auch die Definition der das planerische Verhalten der Arbeitspläne bestimmenden Regeln zu unterstützen. Hier war durch das Einbinden der Arbeitsplan-Bedarfe als Element für die Beschreibung des planerischen Verhaltens von Ressourcen ein geändertes Vorgehen notwendig. In Abb. 10-7 ist das für die Erstellung eines Arbeitsplans maßgebende TOC abgebildet.

Abb. 10-8 stellt beispielhaft die Benutzungsoberfläche für die Erstellung eines Transportarbeitsplanes dar. Neben der Einbindung des Transportmittels über das Objekt *TransportWPDemand* ist die Definition der Ladung von zentralem Interesse. Für nicht detaillierter zu beschreibende Transporte genügt es hier, ein Objekt der Klasse *ResourceFamily* anzugeben, das allgemein die für das vorgesehene Transportmittel in Frage kommenden Transporthilfsmittel repräsentiert.

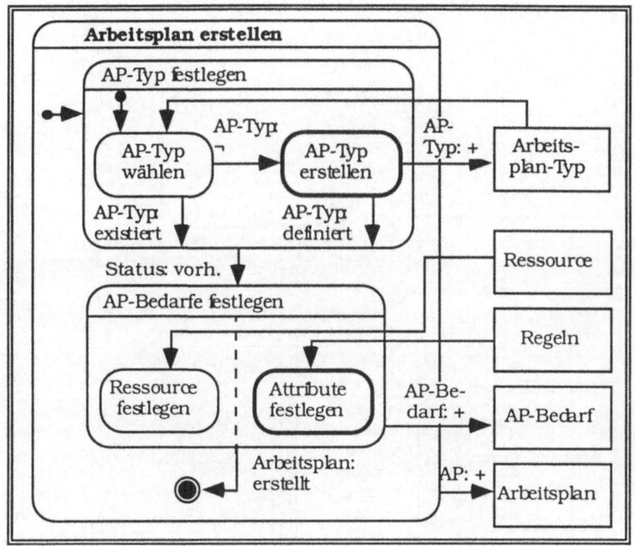

Abb. 10-7   TOC für die Erstellung von Arbeitsplänen

10.3.3   Einplanung von Aufträgen

Die Einplanung von Aufträgen folgt in weiten Teilen unternehmens- und organisationsspezifischen Strategien. Die Spezifikation von auf Produktionsverbünde abgestimmte Planungsalgorithmen und die darauf aufbauende Erstellung der Benutzer- und Objektinteraktionen ist nicht Schwerpunkt dieser Arbeit. Allerdings sind mit dem beschriebenen Modell Vorgaben getroffen worden, die den Aufbau geeigneter Planungsalgorithmen beeinflussen bzw. von diesen berücksichtigt werden müssen. Hierunter fällt der Umgang mit Ressourcenfamilien, die netzplanartige interne Repräsentation der Planungsergebnisse sowie die Beschreibung alternativer Arbeitspläne bzw. das Handling der für das Modell wichtigen Regeln.

In Kapitel 11.1 wird der prinzipielle Aufbau eines Algorithmus´ mit Hilfe der Methode der Task-Object Charts vorgestellt. Er gibt einen Hinweis auf eine mögliche Vorgehensweise bei der Erstellung eines Produktionsplans unter Berücksichtigung des Modells. Es sollen hierbei nicht Optimierungsaspekte im Mittelpunkt der Betrachtung stehen, sondern der prinzipielle „Umgang" mit dem Modell zum Ausdruck kommen.

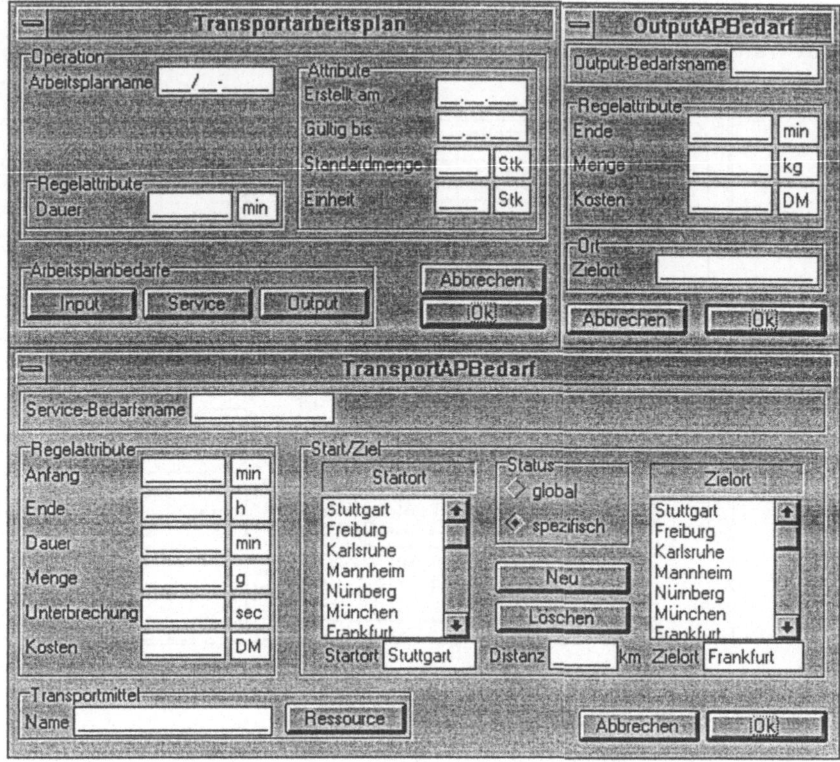

Abb. 10-8   Realisierte Benutzungsoberfläche für die Gestaltung eines Transport-Arbeitsplans

10.4 Vorgehensweise zur Entwicklung spezifischer Planungssysteme für Produktionsverbünde

Die Entwicklung von verbundspezifischen Planungssystemen ist dadurch gekennzeichnet, daß Anpassungen bzgl. dem Anwendungsbereich, den betrieblichen Gegebenheiten (Unternehmens- und Branchenspezifika) und den individuellen Bedürfnissen der Benutzer sowie den vorliegenden Geschäftsprozessen vorgenommen werden müssen.

Als vielversprechender Lösungsansatz bei der Entwicklung interaktiver Systeme insbesondere im Umfeld der Produktion hat sich das Prototyping etabliert (BUNDESANSTALT FÜR ARBEITSSCHUTZ /23/, KRONEBERG /76/). Untersuchungen zeigen, daß Vorgehensmodelle nach dem Prototyping-ansatz die Kommunikation zwischen Benutzern und Entwicklern generell verbessern (vgl. ALAVI /6/).

Prototyping bedeutet dabei (BUDDE et al. /17/) die Erstellung eines lauffähigen Software-Systems vor der eigentlichen Realisierung. Bei der Abgrenzung des zu realisierenden Systemteils werden horizontale (z.B. nur die Benutzungsschnittstelle weitgehend ohne Funktionalität) und vertikale Prototypen (z.B. nur wenige Funktionen, aber durchgängig, mit Benutzungsschnittstelle) unterschieden. Dennoch gibt es im Zusammenhang mit Prototyping Fragen, die insbesondere zu schlecht dokumentierter, unstrukturierter und damit zu nicht wartbarer Software führen. Diesem Umstand versuchen JANSSEN /71/ und ZIEGLER /138/ durch die Einführung expliziter Beschreibungstechniken gerecht zu werden.

Für die Entwicklung von Softwaresystemen, die einen besonders hohen Anpassungsaufwand gerecht werden müssen, hat sich auf der Basis objektorientierter Paradigmen die Entwicklungsmethode der „Software-Fabrik" als besonders geeignet erwiesen (BULLINGER et al. /19/). Dabei werden einzelne Bausteine identifiziert, deren Kombination entsprechend eine angepaßte Softwarelösung ergeben (MERTINS /84/).

Im Zusammenspiel zwischen den Grundprinzipien des Prototyping ergänzt mit den Beschreibungstechniken nach Janssen und Ziegler (vgl. Kap. 10) sowie der Methode der „Software-Fabrik" ergibt sich eine besonders problemangemessene Vorgehensweise für die Entwicklung verbundspezifischer Planungssysteme. Die Vorgehensweise gliedert sich in einen gestaltenden Teil der Benutzungsschnittstelle und einen Teil, der die Anpassung und Erweiterung der Funktionalität zum Inhalt hat (Abb. 10-9).

Ausgehend vom dargestellten Entwicklungskonzept erfolgen zur Laufzeit des Systems verschiedene Benutzeraktionen, welche die Konfiguration des Planungssystems zum Inhalt haben. Diese wurden in Kapitel 10.3 erläutert.

10.5 Zusammenfassung

Die Implementierung des Modells wurde beschrieben. Hierfür wurde zwischen der Architektur von Anwendungs- und Systembausteinen unterschieden. Die Systemarchitektur wurde in Benutzungsschnittstelle, Funktionalität und Datenhaltung aufgetrennt. Hierdurch können Anpassungen an verschiedene Systemumgebungen leicht vorgenommen werden. So ist die Anbindung an objektorientierte Datenbanken ebenso möglich, wie die Nutzung der in vielen Unternehmen vorhandenen Datenbestände in relationalen Datenbanken.

Die Repräsentation der Planungsobjekte an der graphischen Benutzungs-
oberfläche wurde in Ausschnitten als konzeptionelles Modell vorgestellt.
Das Zusammenwirken der Anwendungsbausteine bei verschiedenen
Benutzeraktionen wurde durch die Verwendung von „TOCs" verdeutlicht.
Der Übergang vom allgemeinen Modell zu verbundspezifischen Planungs-
systemen wurde dargelegt. Hierfür wurde auf diejenigen Elemente des
Prototyping zurückgegriffen, die für komplexe Anwendungssysteme beson-
ders geeignet sind.

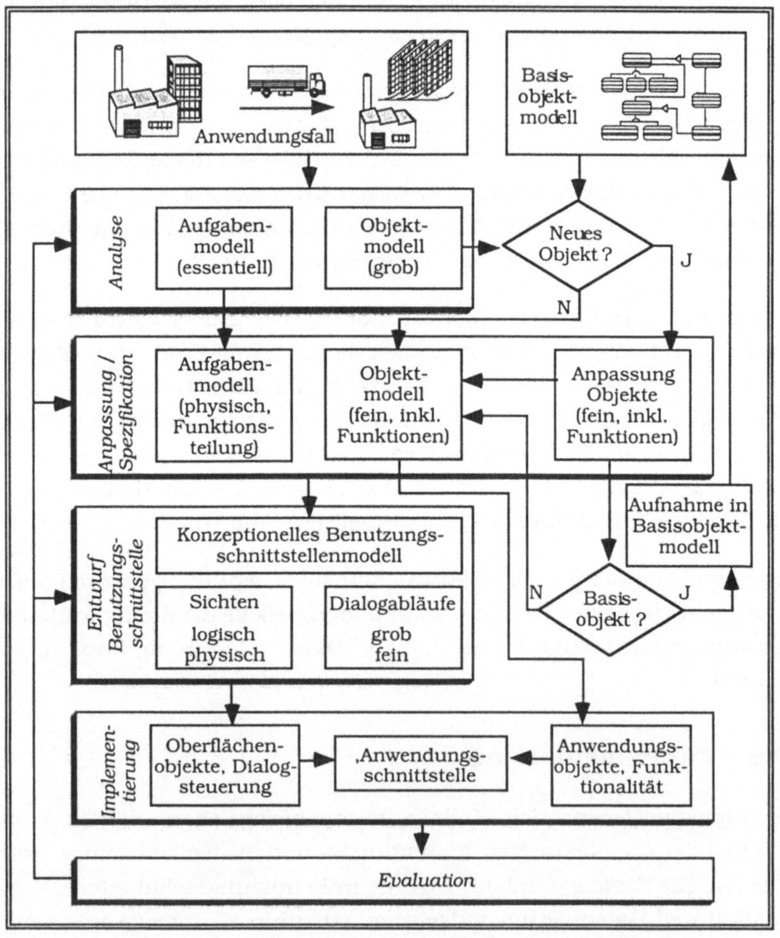

Abb. 10-9 Vorgehensweise für die Entwicklung von Planungssystemen
für Produktionsverbünde auf der Basis des Modells

11. Anwendung und Bewertung des Modells und seiner Implementierung

Zur Überprüfung der Einsatzfähigkeit und des Nutzens für die Praxis wurde das in dieser Arbeit entwickelte Modell für die Abbildung von Produktionsverbünden in Planungssystemen in zwei Bereichen erprobt.

Zum einen wurden im Rahmen eines idealisierten Anwendungsfalls zwei unterschiedliche Planungsalgorithmen entwickelt. Diese Algorithmen greifen auf die in der Arbeit dargestellten Arbeitspläne, Bedarfs- und Ressourcen-Typen zu und nutzen den methodischen Aufbau der Regeln und Basisfunktionalitäten. Kern bei der Vorstellung dieses Bereichs ist daher der Umgang mit dem Modell im Zuge der Planung.

Die Mächtigkeit des Modells für spezielle Anforderungen im industriellen Anwendungsfall wird im zweiten Fall dargelegt. Innerhalb eines ESPRIT-Projektes war das Modell Basis für die Entwicklung eines Koordinations-instrumentes der Produktion in einem Unternehmen der europäischen KFZ-Zulieferindustrie. Das Modell wurde zur Beschreibung des Produktionsverbundes eingesetzt. Am Projekt beteiligte Partner entwickelten darauf aufbauend spezielle Algorithmen, die das Paradigma der „constraint-directed search" auf das Modell anwendeten.

11.1   Ein Planungsszenario

Das Ziel der Einplanung mit Hilfe der vorgestellten Algorithmen ist es, Kundenaufträge nach Kosten-Gesichtspunkten möglichst optimal durch diejenigen Produktionseinheiten zu befriedigen, die in der Lage sind, das jeweilige Produkt herstellen zu können. Ausgehend von einem Kundenauftrag am Ort A ergibt sich für die Planung der in Abb. 11-1 dargestellte Ablauf. Die Ermittlung des Mengenbedarfes an Teilen erfolgt anhand der in den Arbeitsplan integrierten Stücklistenstruktur (vgl. Kapitel 7.2.). Dieser Bedarf kann nun grundsätzlich entweder durch Produktion oder Lagerentnahme am Ort A befriedigt werden oder durch Transport von einem anderen Werk n, in dem dann ebenfalls Produktion oder Lagerentnahme möglich ist.

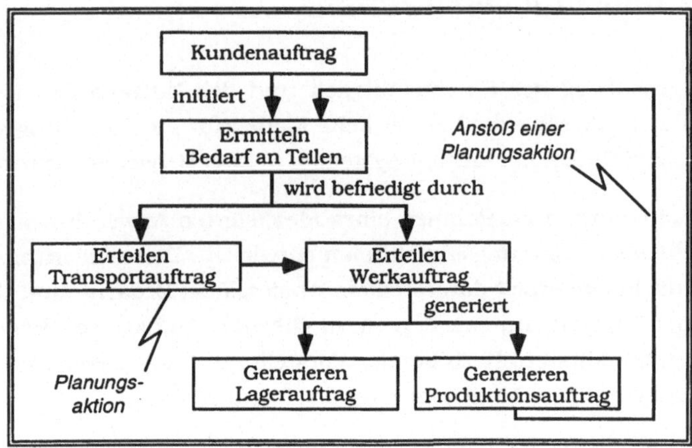

Abb. 11-1 Grobbeschreibung des Planungsablaufs

11.1.1 Darstellung der Algorithmen

Es wurden zwei Algorithmen implementiert, um die Wirkungsweise des Modells zu veranschaulichen (KLANDER /74/, HALLER /59/). Bei der kundenauftragsorientierten Einplanung wird ein Kundenauftrag nach dem anderen betrachtet. Erst wenn ein Kundenauftrag vollständig eingeplant ist, wird der nächste Auftrag herangezogen. Die stufenorientierte Einplanung befriedigt hingegen die aus den Kundenaufträgen abgeleiteten Bedarfe Stücklistenstufe für Stücklistenstufe. Erst nachdem für jeden Bedarf einer Stufe die erforderlichen Aufträge generiert wurden, werden aus den Produktionsaufträgen die Bedarfe der nächsten Stufe abgeleitet. Abb. 11-2 stellt die beiden Algorithmen einander gegenüber.

Bei der Befriedigung von Bedarfen bestehen im Bereich eines Produktionsverbundes eine Vielzahl kombinatorischer Möglichkeiten, dessen vollständige Erfassung einen hohen numerischen Aufwand erfordert. Daher erfolgt zunächst eine Betrachtung auf Ebene der am Verbund beteiligten Werke, bevor die einzelnen Produktionseinheiten in den Werken betrachtet werden. Innerhalb eines Werkes kann ein Bedarf dann entweder über eine produzierende Einheit oder über Lagerentnahmen befriedigt werden. Nach der Aufteilung in einzelne Werkaufträge werden die erforderlichen Transportaufträge erteilt.

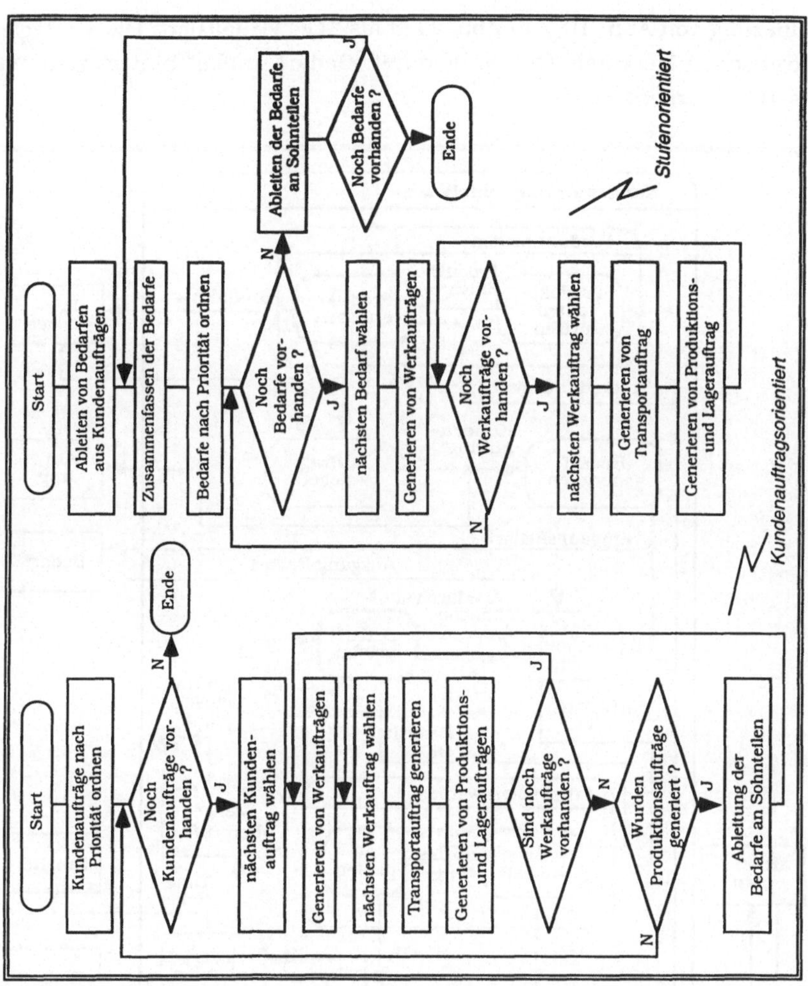

Abb. 11-2   Kundenauftrags- und stufenorientierte Einplanung

11.1.2   Unterstützung der Planungsstrategie durch das Modell

In den implementierten Algorithmen war vorgesehen, Bedarfe zunächst über die Produktion oder Lagerentnahmen im Werk ihres Entstehens zu befriedigen. Durch die abstrakte Beschreibung von Produktions-Arbeitsplänen mit Objekten der Klassen *ManufacturingWP*, *AssemblyWP* oder *ProcessWP* bzw. durch Lagerentnahme-Arbeitspläne konnte dies gewährleistet werden. Der strategieunabhängige Ablauf der Planung ist als Detaillierung von Abb. 10-7 in Abb. 11-3 als TOC visualisiert. Die strategie-spezifischen Merkmale sind in dem mit „Bedarf prüfen" hinterlegten Teil des TOCs verborgen.

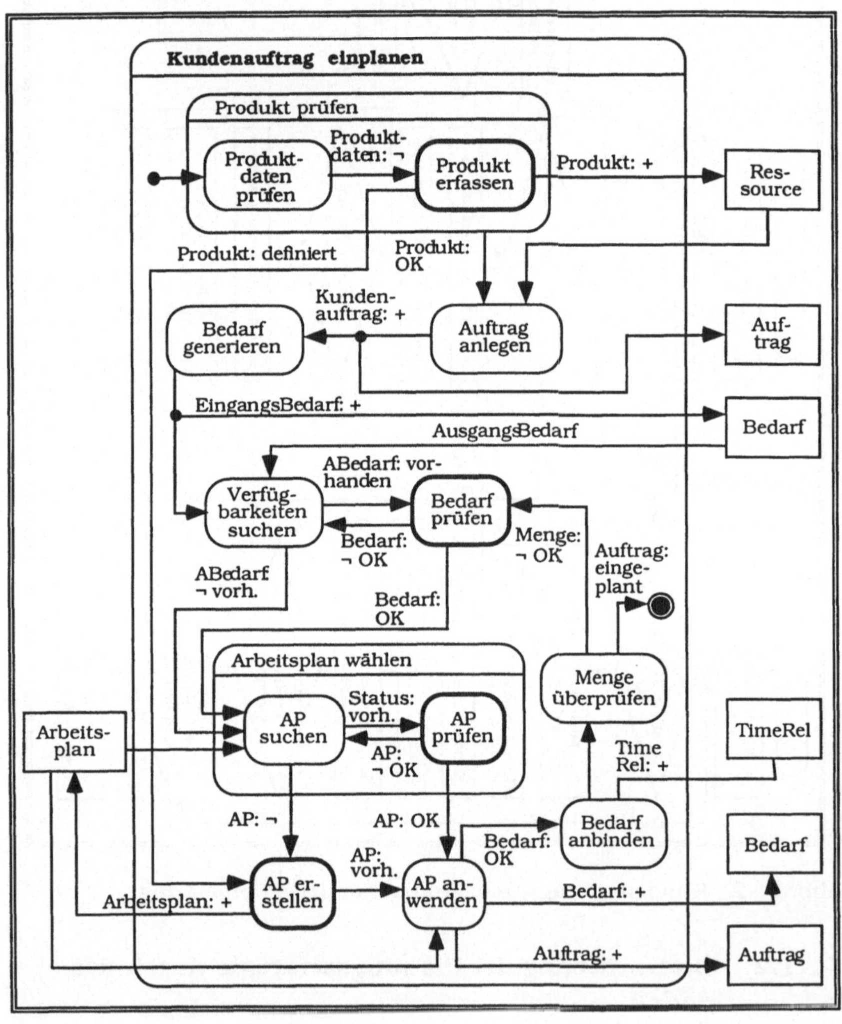

Abb. 11-3   TOC für die Einplanung

Erst wenn eine Befriedigung von Bedarfen vor Ort nicht möglich ist, wird auf andere Werke zurückgegriffen. Die Repräsentation eines Transports zwischen dem Ort der Bedarfsentstehung und der Bedarfsbefriedigung wurde durch die Anwendung von *TransportWP* ermöglicht. Hierfür wurde vor der Planung für alle Transportbeziehungen im Unternehmen ein

Transport-Arbeitsplan erstellt. Als *Arrival-* und *DestinationLocation* wurden die Orte der Werke eingegeben. Die zu transportierenden Teile wurden auf Ebene der Arbeitspläne nicht spezifiziert. Hierfür hat sich es sich als günstig erwiesen, Ladungen allgemein durch die Klasse *MeansOfTransport* zu repräsentieren. Die Planung ist abgeschlossen, sobald alle Bedarfe befriedigt werden konnten. Abb. 11-4 repräsentiert die einzelnen Planungsschritte mit der in dieser Arbeit entwickelten Notation.

Beschreibung der Aktion	Eingesetzter AP	Repräsentation mit der entwickelten Notation
Bedarf eines *InternalOrder* in Werk A		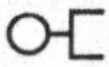
Lagerentnahme in Werk A und Verknüpfen mit Bedarf	StockOut	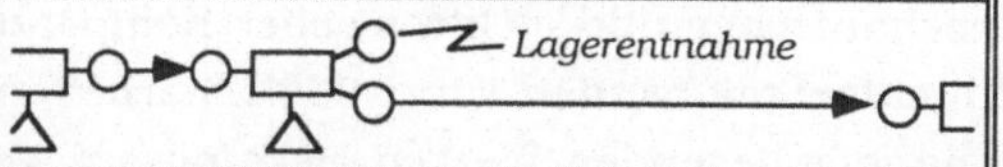 *Lagerentnahme*
Produktion in Werk A	Assembly	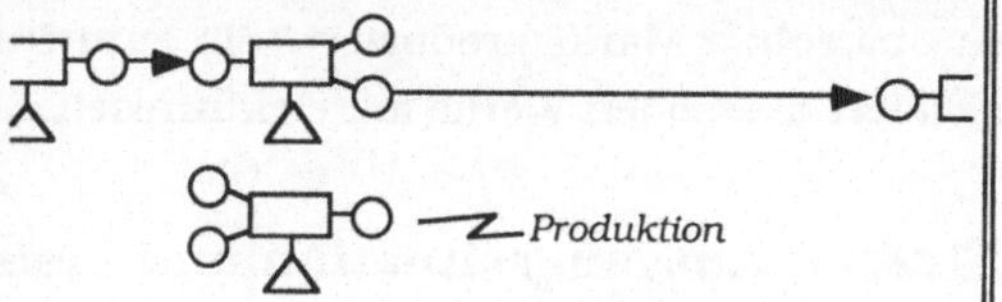 *Produktion*
Joinen der beiden Objekte vom Typ *OutputDemand* der Lagerentnahme und der Produktion	Join	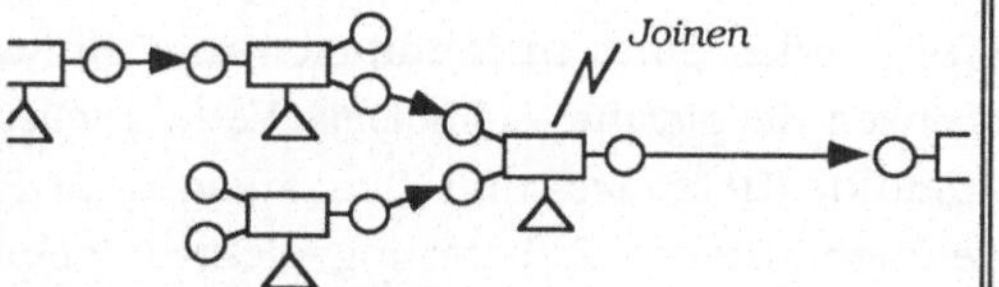 *Joinen*
Lagerentnahme in Werk B	StockOut	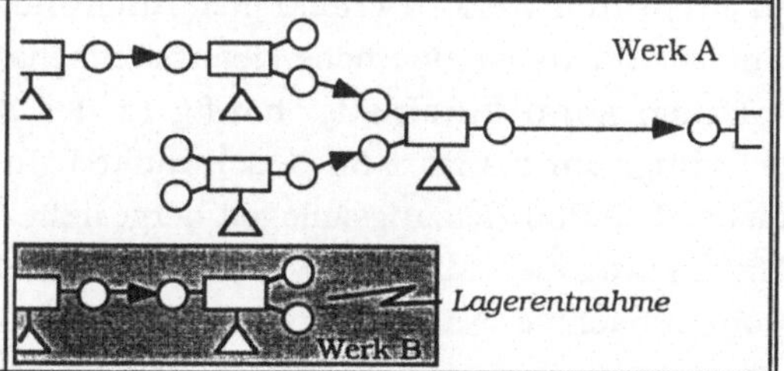 Werk A · *Lagerentnahme* · Werk B
Verknüpfen der Lagerentnahme in Werk B mit Bedarf in Werk A durch Transport sowie Joinen der beiden Objekte vom Typ *OutputDemand*	Transport Join	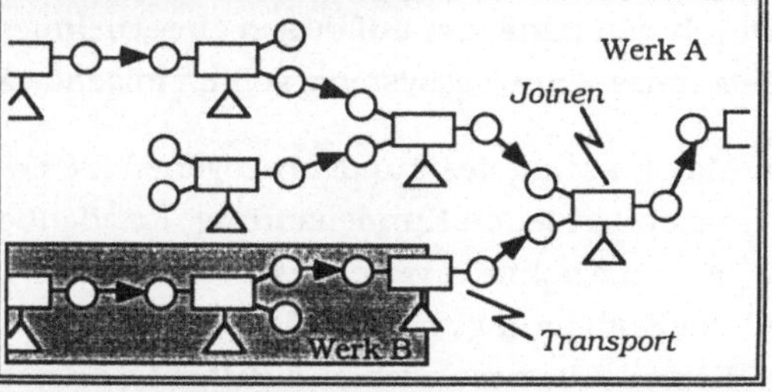 Werk A · *Joinen* · Werk B · *Transport*

Abb. 11-4   Umsetzung der Planungsstrategie

Für die planerische Flexibilität hat sich die Einführung von Ressourcenfamilien als günstig erwiesen. Hierdurch war es möglich, daß die in
Bedarfen spezifizierten Ressourcen und hier vor allem die niederer Stück-
listenstufen nicht exakt befriedigt werden mußten. Vielmehr konnte die
Planung flexibel auch Alternativen betrachten, ohne direkt alternative Arbeitspläne anwenden zu müssen.

11.2 Industrieller Anwendungsfall

Im folgenden wird die Anwendung des Modells auf ein Produktionsverbund in der KfZ-Zulieferindustrie dargestellt und bewertet. Das betrach-
tete Unternehmen hat ca. 17.000 Mitarbeiter in den Bereichen elektro-
mechanischer und elektronischer Komponenten beschäftigt. Im Bereich
Klimatechnik werden von 1.000 Mitarbeitern in zwei räumlich weit auseinander liegenden Werken Heizungsanlagen für den italienischen und
europäischen Markt produziert. Ein zum Unternehmen gehörendes Werk
beliefert die beiden Werke mit elektronischen Komponenten.

11.2.1 Ausgangssituation und Zielsetzung

Zwei Werke, eines in Norditalien und ein anderes im Süden von Italien,
besitzen die gleiche technologische Ausrichtung, um gleiche oder ähnliche
Produkte (Heizungs- und Klimaanlagen für PKW) herzustellen. Eine unter-
nehmensinterne Zulieferung elektronischer Komponenten erfolgt von
einem dritten Werk in Frankreich. Aufgrund der Kundenorientierung des
Unternehmens ist eine hohe Lieferbereitschaft erforderlich. Das Auftrags-
volumen kann kurzfristig, häufig in der letzten Woche vor der Auslieferung, um bis zu ± 30 % schwanken. In der Summe werden täglich
mehr als 5.000 Heizungsanlagen hergestellt. Die Durchlaufzeit beträgt im
Mittel etwas mehr als zwei Wochen. Die Abnehmerwerke befinden sich sowohl in nächster Nähe als auch in über 1.000 km Entfernung.

Durch den zunächst auf diesen Unternehmensbereich konzentrierten Einsatz eines Planungssystems sollten folgende Ziele abgedeckt werden:

- Maximierung des kundenbezogenen Lieferservices: Das Unternehmen
  akzeptiert jeden Kundenauftrag. Kundenbezogene Aktivitäten müssen
  im Unternehmen verfolgt werden können.
- Die Endmontage soll in nächster Nähe zum Kunden erfolgen.
- Können die beschriebenen Kriterien befriedigt werden, so ist der
  jeweilige Auslastungsgrad der Betriebsmittel zu erhöhen.

11.2.1.1 Merkmale des Produktionsverbunds

Innerhalb des gesamten Unternehmens existieren Beziehungen zwischen den Werken sowohl in komplementärer (Baugruppen oder Teile, welche in einem der Werke produziert werden, werden in einem anderen Werk weiterverarbeitet) als auch in alternativer Hinsicht. Der Informations- und Materialfluß während eines Kundenauftragdurchlaufs ist in Abb. 11-5 dargestellt. Anfragen, Kundenaufträge und Änderungen werden zentral in einem der Hauptwerke vom Vertrieb fokusiert. Konstruktion und Fertigungsvorbereitung sind ebenfalls zentral angesiedelt.

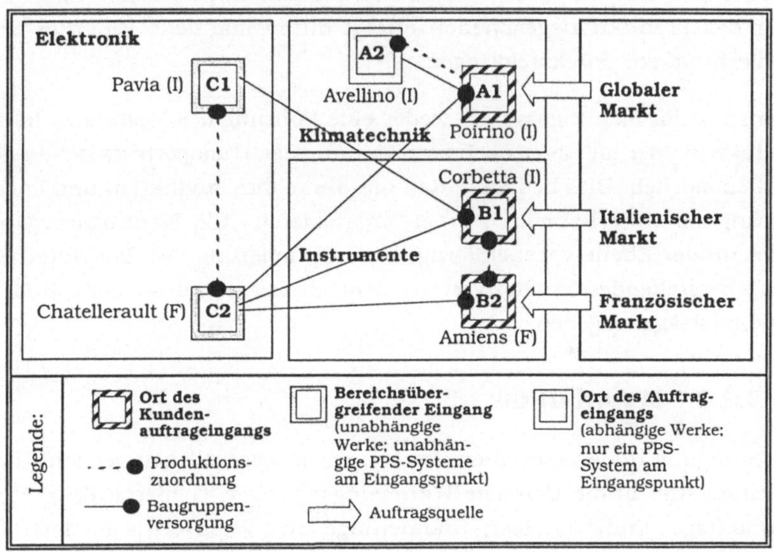

Abb. 11-5 Aspekte des Produktionsverbundes

11.2.1.2 Derzeitige Planung

Der Unternehmensteil „Klimatechnik" beliefert ca. 25 Kunden an ca. 50 Standorten. Mit den Kunden werden monatlich Lieferpläne über die nächsten 6 Monate abgestimmt. Die Angaben besitzen dabei Monatsgenauigkeit. Wöchentlich werden mit Blick auf die nächsten 6 Wochen werksbezogen Lieferdaten ausgetauscht, die aber weiterhin nur Schätzwerte umfassen. Ebenfalls im Wochenrhythmus erfolgt der Übergang von Schätzwerten zu konkreten Aufträgen. Diese umfassen eine Zeitspanne von 1 Woche. Zeitgleich wird eine letzte Schätzung für die zweite Woche vorgenommen. Täglich ist es möglich, daß der Kunde im Rahmen eines definierten Bereichs Änderungen bestehender Aufträge für den Folgetag mitteilt. Die Tagesänderungen können die Höhe des vereinbarten Sicherheitsbestands umfassen.

Das vorhandene Planungssystem arbeitet zentral die einzelnen Aufträge ab. Weiterhin findet zentral eine Bedarfsplanung statt, ohne jedoch die jeweiligen Kapazitäten in den Werken zu berücksichtigen oder gar gewollte planerische Freiheitsgrade zu lassen. Hierdurch kommt es zu erheblichen Schwierigkeiten im Bereich des Lieferservices und der weiteren internen Auftragsabwicklung. Diese gipfeln in der Tatsache, daß die einzelnen Werke ebenfalls nur im Wochenrhythmus planen. Ein aktueller Überblick über das Produktionsgeschehen erfolgt durch manuelle Eingriffe bzw. „papierbehaftete" Rückmeldungen.

Ebenso ist im Planungssystem weder eine Führung des Bestandes in der Produktion oder im Lager noch eine Planung der Transporte zwischen den Werken möglich. Dies bedeutet, daß die Werke ihre Produktion und Lagerhaltung am Unternehmen „vorbei-"organisieren. Alle Planungsvorgänge auf zentraler Ebene vernachlässigen die Optimierung des das Unternehmen übergreifenden Profits. Von der Zentrale werden ausschließlich Lieferantenaufträge vergeben.

11.2.1.3 Materialfluß

Die Fertigung in den einzelnen Werken ist im wesentlichen verrichtungsorientiert und in die Bereiche Wareneingangslager, Gießerei, Entgraten, Vormontage, Funktionstest, Endmontage und Verladen gegliedert. Die Arbeitsplätze dieser Bereiche sind zumeist in Gruppen organisiert. Die Produktion im Unternehmen folgt im Bereich der Montage und Gießerei dem Prinzip der Fließfertigung. Die Verknüpfung von Gießerei und Montage erfolgt durch zwischengeschaltete Pufferlager. Ausgehend von einer zentralen Logistikabteilung werden die Kundenaufträge an die jeweiligen Werke nach einer Stücklistenauflösung weitergereicht (vgl. Abb. 11-6).

Die Bearbeitungzeit an den Montagelinien beträgt rund 0,8 Minuten und die der Gießereimaschinen ca. 1,2 Minuten. Die Transportzeit zwischen den drei Unternehmensteilen umfaßt zwischen 12 und 24 Stunden. Die Rüstzeiten im genannten Unternehmensbereich sind mit bis zu 4 Stunden für die Gießereimaschinen zum Teil beachtlich. Im Planungssystem werden nicht alle Arbeitsgänge abgebildet. Insbesondere die für einen Produktionsverbund so wichtigen Arbeitsgänge im Transportbereich bleiben unberücksichtigt bzw. sind im Planungsmodell nicht dargestellt. Darüber

hinaus werden Rüst-Arbeitsgänge und Reihenfolgebetrachtungen nicht
betrachtet; eine optimierte Belegungsplanung ist daher nicht möglich.

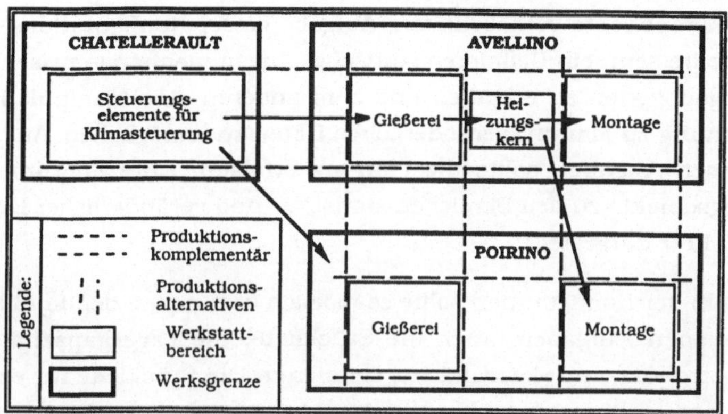

Abb. 11-6   Werke des Unternehmensbereichs „Klimatechnik"

11.2.2   Sollkonzept

Das Unternehmen hat in Zusammenarbeit mit Beratungshäusern und
Projektpartnern untersucht, ob und inwieweit die gegebenen Anforderungen (vgl. Kapitel 11.2.1) von am Markt erhältlichen Systemen abgedeckt
werden können. Es stellte sich heraus, daß keines der am Markt erhältlichen Systeme die geforderte Flexibilität beim Aufbau und der Nutzung
der für den Produktionsverbund notwendigen Stammdaten als Grundlage
für eine optimierte Produktionslogistik aufwies (vgl. AEG et al. /4/). Im
folgenden ist das Sollkonzept für das Planungssystem in Auszügen beschrieben, auf dessen Grundlage das vorgestellte Modell entwickelt und
implementiert wurde.

11.2.2.1   Einordnung der Planung

Ziel des Unternehmens war es, die Planung zentral abzuwickeln. Es sollten dabei die Datenbestände der in den einzelnen Werken vorhandenen
Planungssysteme berücksichtigt werden. Die lokalen Planungssysteme in
den Werken sollten Daten über den Ist-Zustand in der Produktion an das
zentrale System melden. Ausgehend von den Ergebnissen der zentralen
Planung sollten die Werke den Freiraum erhalten, Produktionsaufträge
weiter verfeinern zu können. Auf Seiten der zentralen Planung wurde
daher die Forderung erhoben, Transporte und die Lagerhaltung detaillierter zu planen als die Produktion.

11.2.2.2 Trennung von Konfiguration und Planung

Das Sollkonzept des Planungssystems sah vor, der Planung eine Konfigurationskomponente vorzuschalten. Aufgabe dieser Konfigurationskomponente sollte sein, ein Definieren statischer Zusammenhänge zwischen den Planungsobjekten zu erlauben und zum anderen eine Manipulation der von Planung zu Planung veränderlichen Daten zu ermöglichen. Aufbauend auf diesen Angaben sollte die Planung erfolgen. Eine Zuordnung der Planungsobjekte zu den Bereichen statischer und veränderlicher Daten ist in Abb. 11-7 dargestellt.

Innerhalb der Konfiguration sollte es möglich sein neben den in Abb. 11-7 angegebenen Eingaben, auch die Stückliste, die Lagerkapazität sowie Transportdauer und -kapazität zu definieren. Die Stückliste für ein Teil j sollte dargestellt werden über die Produktionseinheit p, die j aus einer bestimmten Anzahl an Teilen i herstellen kann, Ein Lager an einem Ort p hat zu einem Zeitpunkt t eine bestimmte Kapazität c.

| Konfiguration | | Ein- |
statisch	dynamisch	planung
Definition von Arbeitsplänen	Zuordnung von Arbeitsplänen zu Aufträgen	Planung nach Kostengesichtspunkten
Definition von Ressourcen	Änderung von APs aufgrund spez. Auftragsanforderungen	Was-Wäre-Wenn-Abfragen
Spezifikation von Regeln	Definition eines planungsspezifischen Zeitmodells	Evaluierung logistischer Strategien

Abb. 11-7   Inhalte der Konfiguration und der Einplanung

11.2.2.3 Anforderungen an das Modell der Planung

Aufgabe war es, alle materialflußrelevanten Arbeitsgänge auf Ebene der Arbeitspläne abzudecken. Insbesondere auch Arbeitsgänge, die nicht direkt zur Wertschöpfung beitragen, durch ihren Anteil an der Durchlaufzeit aber für den angestrebten Lieferservice von Bedeutung sind, sollten in die Planung einbezogen werden können. Transporte sollten nicht nur für ein bestimmtes Produkt gelten, sondern flexibel für alle Ressourcen herangezogen werden können. Die Modellierung der an Fließbändern stattfindenden Montage sollte alle benötigten Teile berücksichtigen und über variable den jeweiligen Arbeitsinhalten der Arbeitgängen angepaßte Taktzeiten verfügen.

Bei der Gestaltung des Planungsalgorithmus sollte ein dem Paradigma der „constraint-propagation" (vgl. FOX et al. /49/) folgendes Werkzeug zum Einsatz kommen, das die im Modell bereits formulierten bzw. formulierbaren Constraints berücksichtigen sollte (BULL /18/).

11.2.3 Umsetzung und Realisierung des Soll-Konzepts

Aufbauend auf den im Soll-Konzept beschriebenen Anforderungen an das zu realisierende Planungssystem wurde eine anwendungsspezifische Systemarchitektur erarbeitet. Innerhalb der Architektur bildete das in dieser Arbeit beschriebene Modell die Basis für das Konfigurations- und Planungsmodul. In Abb. 11-8 ist die Einordnung des Modells in die Architektur des Planungssystems dargestellt.

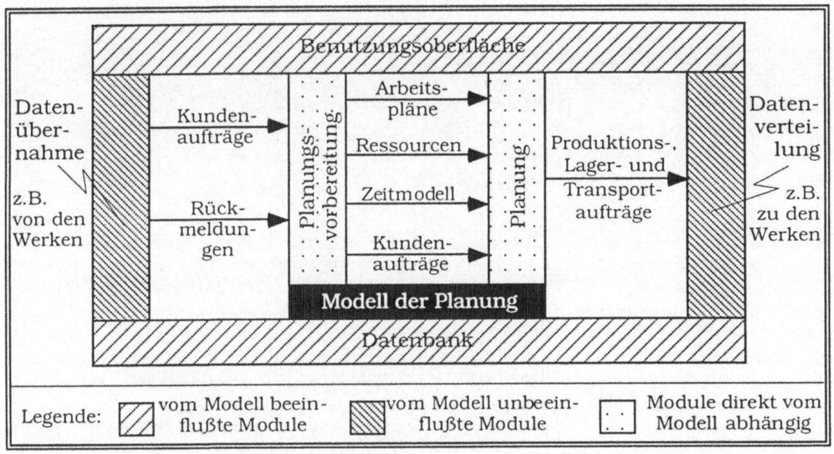

Abb. 11-8   Architektur des Planungssystems

Aufgrund der gewünschten zentralen Anordnung des Systems im Unternehmen wurden Komponenten vorgesehen, die eine Übernahme und Weitergabe von Planungsdaten und -ergebnissen an die in den Werken befindlichen lokalen Planungssysteme ermöglichten. Der Kern des Systems bildete die Konfigurations- und Planungskomponente. Für das System wurde eine einheitliche Benutzungsoberfläche gestaltet. Eine relationale Datenbank sorgte für Persistenz der Daten.

Für die modellspezifische Umsetzung der Sollkonzeption des Planungssystems stellte sich neben der Darstellung der Transporte insbesondere die Abbildung der Fließfertigung als anspruchsvoll dar. Durch die Interpretation des Beladens eines Transportmittels als ein „wiederholtes Ausführen eines Rüstvorganges" (vgl. Kapitel 8.3.1) konnte der Konfigurationsaufwand erheblich reduziert und vereinfacht werden. Die Interaktionen des Benutzers mit dem System können dem in Kapitel 10.2.3 dargelegten Dialognetz und der abgebildeten Benutzungsoberfläche entnommen werden. Im folgenden wird insbesondere die Realisierung der Fließfertigung im Bereich der Montage vorgestellt.

Verrichtungen an Fertigungseinrichtungen wie Montagebändern die an bestimmte Taktzeiten gebunden sind, konnten durch Montage-Arbeitspläne abgebildet werden. Allerdings wurde nicht auf Arbeitsplan-Bedarfe vom Typ *SingularIOWPDemand* zurückgegriffen sondern auf *MutableIOWPDemands*. In Abb. 11-9 ist die Benutzungsoberfläche für die Festlegung eines Montage-Arbeitsplanes an Fließbändern dargestellt.

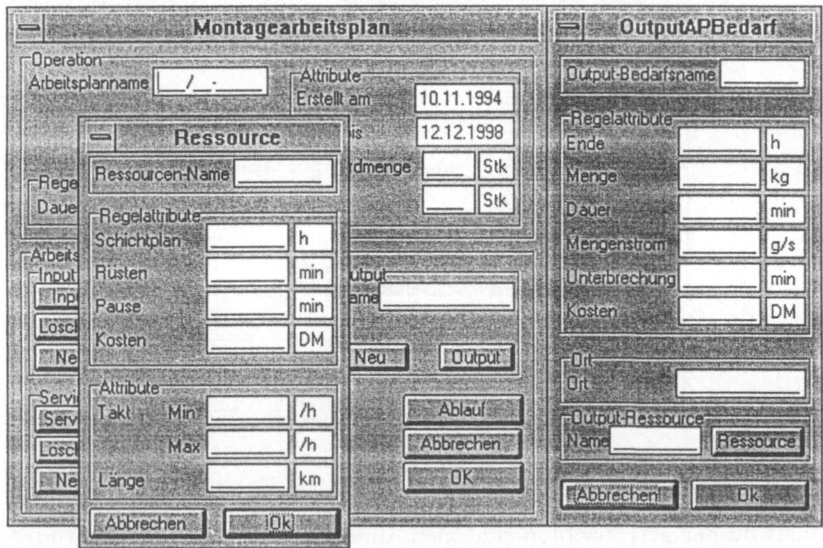

Abb. 11-9   Benutzungsoberfläche für die Definition von Montageprozessen an Fließbändern

11.3 Bewertung

Für eine vollständige Bewertung des Modells und dessen Einbindung in ein Planungssystem war es notwendig, neben den Erfahrungen bei der Implementierung der beiden Algorithmen auch die Eigenschaften im industriellen Einsatz zu überprüfen. Hierfür wurden die mit dem System in Berührung kommenden Benutzer und betroffenen Mitarbeiter des Unternehmens im Hinblick auf erste Erfahrungen mit dem Planungssystem befragt und die prozentuale Veränderung der Kosten, des Lagerbestands, Transporte u.a. ermittelt (vgl. AEG et al. /4/).

Als betroffene Personengruppen in Unternehmen mit Produktionsverbund wurden Werkleiter, Logistiker und Meister identifiziert. Die Relevanz der in Kapitel 4 beschriebenen Anforderungen sowie der Grad der Abdeckung durch das vorgestellte Modell ist in Abb. 11-10 zusammengefaßt.

Anforderung		Betroffene Personengruppen			Grad der Ab-deckung
		Werk-leiter	Logistiker	Meister	
Sicher-heits-bestand	Menge	◑	●	●	●
	Zeitraum	●	●	●	◐
Kapazität		◑	●	●	●
Kosten		●	●	◑	●
Zeit-modell	kontinu-ierlich	○	◐	◑	●
	diskret	○	●	◑	●
Arbeitsplan	Produktion	○	◑	●	●
	Lager	○	◑	●	●
	Transport	○	●	◑	●
Planung		◑	●	●	●
Steuerung		○	◑	●	◑
Konsistenz-bedingungen		○	◑	●	●
Integration AP und Stückliste		◑	●	●	●
Legende:	● wichtig bzw. ab-gedeckt	◐ weniger wichtig bzw. enthalten	○ unwichtig bzw. nicht abgedeckt		

Abb. 11-10 Relevanz der Anforderungen für verschiedene Benutzer und Grad der Erfüllung

Ausgehend von der Relevanz einzelner Anforderungen wurden die Einschätzungen der Betroffenen gewichtet und tabellarisch zusammengestellt (Abb. 11-11). Hierfür wurde die Planung unter den Aspekten „Laufzeit und Optimierung" einer Bewertung unterzogen sowie die prozentuale Verbesserung einiger Zielgrößen ermittelt. Als kritisch wurde die teilweise hohe Laufzeit während der Einplanung betrachtet. Dies ist auf die wenn auch sehr exakte so doch aufwendige Repräsentation der Planungsergebnisse in Form eines Graphen zurückzuführen.

Kriterien		Ein-schät-zung	Planungs-ergebnisse	Bemerkung
Planung	Laufzeit	◑	2 min - 20 min	Teilweise lange Laufzeiten während der Planung
Planung	Optimierung	●	k.A.	Gute Unterstützung "constraint"-basierter Algorithmen mit Modell
Modell bzgl.	Abbildung Stückliste	●	k.A.	Einfache Möglichkeit Stücklisten in Arbeitsplänen abzubilden
Modell bzgl.	Transport	●	bis - 12 % bzgl. Transportanzahl	Ausreichend abstrakte Beschreibung von Transporten
Modell bzgl.	Rüstzeit	●	bis - 8 % bzgl. Rüstzeit	Gute aber aufwendige Darstellung (s.u. Datenbeschaffung und Pflege)
Modell bzgl.	Zeitmodell	●	k.A.	Einfach zu definierende Zeitmodelle
Modell bzgl.	Kosten	●	bis - 5 % bzgl. direkten Kosten	Realitätsnahe Darstellung von Kosten-strukturen
Überwachung Lagerbestand		●	bis - 20% bzgl. Lagerbestand	Transparenz bzgl. in Lager und Produk-tion gebundenem Kapital
Benutzer-freundlichkeit		◑	k.A.	Handhabbarkeit der Abbildung des Modells an der Benutzungsoberfläche
Datenbeschaffung und -pflege		○	k.A.	Die Datenpflege ist aufwendig auf-grund zusätzlicher Informationen
Legen-de: ● positiv ◑ befriedigend ○ kritisch				Ergebisse der Planung mit dem modell-basierten System gegenüber Planung mit konventionellem System in %

Abb. 11-11 Urteil betroffener Mitarbeiter und Planungsergebnisse

Das Modell wurde hinsichtlich der Gestaltung von Arbeitsplänen mit Hilfe der Bedarfstypen *Input-* und *Output-* sowie *ServiceWPDemand* als sehr mächtig und nachvollziehbar beschrieben. Die Benutzerfreundlichkeit bei der Darstellung und Definition von Arbeitsplänen und anderen modell-spezifischen Objekten wurde hervorgehoben. Die wesentlichen Grundprin-zipien des Modells wurden schnell verstanden. Die Datenpflege und -beschaffung wurde allerdings als aufwendig und mühsam bezeichnet. Insbesondere die Beschreibung neuer Regeln und deren Wirkungsweise wurde als nicht ausreichend transparent bemängelt. Auf Seiten der Planungsergebnisse wurden zumeist erhebliche Einsparungen erzielt. Der Lagerbestand konnte auf bis zu 20 % gesenkt werden und auch die Anzahl der Transporte konnte in beträchtlichem Umfang reduziert werden.

12. Zusammenfassung und Ausblick

12.1 Zusammenfassung

Die Arbeit setzt sich mit der Erstellung eines Modells zur Abbildung von Produktionsverbünden in Planungssystemen auseinander. Im Mittelpunkt der Arbeit steht die Modellierung von Arbeitsplänen für die Produktion, die Lagerhaltung und den Transport. Dabei wurde auf Methoden der objektorientierten Modellierung zurückgegriffen. Die Bedeutung des Gegenstandsbereichs wurde in einer Untersuchung dargelegt. Der Einsatztauglichkeit des Modells wurde im industriellen Umfeld innerhalb eines Unternehmens der KFZ-Zulieferindustrie nachgewiesen.

Ausgehend von einer Untersuchung zahlreicher Produktionsverbünde und von Methoden zur Modellierung von Planungssystemen wurden Modelle und Systeme der Produktionsplanung aufgearbeitet. Es wurden Anforderungen an ein allgemeines Modell zur Darstellung von Arbeitsplänen und Planungskonstrukten in Produktionsverbünden beschrieben. Hierbei wurden insbesondere Anforderungen an das Modell der Produktion, der Lagerhaltung und der Transportlogistik aufgenommen. Darüber hinaus wurden die verbundspezifischen Aspekte zur Repräsentation der Zeit, der Belegungsplanung und der Schaffung von Grundlagen zur Kostenrechnung festgehalten.

Es wurde ein allgemeines Modell für die Erstellung von Arbeitsplänen auf der Basis generischer Konstrukte geschaffen. Hierfür wurden Klassen entwickelt, die das dynamische Verhalten von Ressourcen im Zusammenspiel mit den identifizierten Arbeitsplan-Typen beschreiben. Kriterien zur Überprüfung von Plausibilitäten bei der Spezifikation von Arbeitsplänen, deren Überprüfung die Arbeit in der Arbeitsvorbereitung unterstützen, wurden dargelegt.

Der Aufbau von Arbeitsplänen, auf deren Grundlage die Ausführung und Befriedigung von Kundenaufträgen erfolgt, wurde erläutert. Die Modellierung grundlegender mathematischer Funktionen ermöglichte eine einfache Darstellung von Regeln zur Beschreibung des dynamischen Verhaltens von Ressourcen. Mit der Einführung von auftragsspezifischen ortsabhängigen Zeitmodellen wurde die Voraussetzung geschaffen, lokale Planungssysteme einerseits und die planungshorizontabhängige Planungsgenauigkeit andererseits zu berücksichtigen.

Das Modell wurde unter Berücksichtigung wesentlicher Industriestandards implementiert und portabel hinsichtlich Betriebssystem und gängiger Benutzungsoberflächen gehalten. Es wurde vollständig in die Anwendungsumgebung eines interaktiven Planungssystems in einem Industrieunternehmen integriert. Schnittstellen sowohl zu objektorientierten als auch relationalen Datenbanken wurden modelliert und umgesetzt. Ein Vorgehensmodell für die Entwicklung und Konfiguration verbundspezifischer Planungssysteme wurde entwickelt.

Das implementierte Modell bildete die Grundlage für den Aufbau eines Planungssystems bei einem Unternehmen der KFZ-Zulieferindustrie mit drei Werken. Das Modell, das darauf basierende Planungssystem und dessen industrieller Einsatz wurde mit zuständigen Mitarbeitern diskutiert und bewertet. Die grundsätzliche Anwendbarkeit des Modells für die Abbildung von Produktionsverbünden in Planungssystemen wurde nachgewiesen. Die Leistungsfähigkeit des Modells im Hinblick auf die erzielten Planungsergebnisse wurde an einem ausgewählten Beispiel dokumentiert.

12.2 Ausblick

Bei der Beschreibung des Stand des Wissens wurden nahezu ausschließlich Produktionsverbünde innerhalb eines Unternehmens berücksichtigt. Das Modell wurde entsprechend für Produktionsverbünde in diesem Anwendungsbereich konzipiert. Von untergeordneter Bedeutung blieb dabei die kooperative Zusammenarbeit zwischen mehreren Unternehmen und den daraus resultierenden Anforderungen an ein übergeordnetes Planungssystem.

Vor dem Hintergrund sich bildender „virtueller" Unternehmen, die sich stets neu auf die Anforderungen des Marktes ausrichten müssen, erscheint es daher von großer Bedeutung, hierfür geeignete Planungssysteme zu entwerfen. Diese sollten allerdings schon aufgrund der am Verbund „verteilten" und unter Umständen gegenläufigen Optimierungsvorgaben über Fähigkeiten verfügen, die im Sinne von Verhandlungsmechanismen ein wie auch immer geartetes Gesamtoptimum für die am Produktionsverbund beteiligten Unternehmen verfolgt.

Es war nicht das Ziel dieser Arbeit, spezielle, auf Produktionsverbünde abgestimmte Optimierungsstrategien zu entwickeln. Es sollte daher das Ziel zukünftiger Entwicklungsaktivitäten sein, Planungsalgorithmen und -heuristiken zu entwerfen, die dem jeweiligen Unternehmensumfeld entsprechend bestmögliche Planungsergebnisse hervorbringen.

13. Literaturverzeichnis

/1/   AEG, Bull, FhG-IAO, ISA, Magneti Marelli, Promip: Design and Implementation.
        In: ESPRIT-Project 5178 Distributed Management and Coordination of a Multi-
        Site Production Environment (DISCO), Deliverable 3+4. Mailand: Magneti Marelli,
        1992.

/2/   AEG, Bull, FhG-IAO, ISA, Magneti Marelli, Promip: Specifications. In: ESPRIT-
        Project 5178 Distributed Management and Coordination of a Multi-Site
        Production Environment (DISCO), Deliverable 2. Mailand: Magneti Marelli, 1991.

/3/   AEG, Bull, FhG-IAO, ISA, Magneti Marelli, Promip: User Requirements Catalogue.
        In: ESPRIT-Project 5178 Distributed Management and Coordination of a Multi-
        Site Production Environment (DISCO), Deliverable 1. Mailand: Magneti Marelli,
        1991.

/4/   AEG; Bull; FhG-IAO; ISA; Magneti Marelli; PROMIP: Results. In: ESPRIT-Projekt
        5178 DISCO. Distributed management and coordination of scheduling systems in
        a multi-site production environment. Deliverable 10. Mailand: Magneti Marelli,
        1993.

/5/   Aerts, R.: Kraftreserven mobilisiert - Fallstudie Volvo: Chancen für Just-in-Time
        richtig nutzen. In: Trends 2000, 1989.

/6/   Alavi, M.: An assessment of the prototyping approach to information systems
        development. Comm. of the ACM 27. 556-563.

/7/   Auilano, N.J.; Smith, D.E.: A formal set of algorithms for project scheduling with
        critical path scheduling / material requirements planning. In: Operations
        Manager, 1980.

/8/   AWF: Integrierter EDV-Einsatz in der Produktion. CIM - Computer Integrated
        Manufacturing - Begriffe, Definitionen, Funktionszuordnung. Ausschuß für
        wirtschaftliche Fertigung (AWF) (Hrsg.). Eschborn, 1985.

/9/   Bartsch, W.; Denert, E.: Objektorientierte Spezifikation: Konzepte und eine
        Notation. In: Objektorientierte Methoden für Informationssysteme. H.C. Mayr und
        R. Wagner (Hrsg.). Berlin, Heidelberg: Springer-Verlag, 1993.

/10/   Beier, H.-H.; Schwall, Erhard: Fertigungsleittechnik. München, Wien: Carl
        Hanser Verlag, 1991.

/11/   Bertling, L.: Gemeinsam produktiv - Produktionsverbunde in Europa. In:
        Jahrbuch der Logistik 7 (1993). Düsseldorf: Verlagsgruppe Handelsblatt, 1993.

/12/   Binner, H. F.: Synchronisierte Steuerung für ein marktorienitertes
        Lieferspektrum. In: Arbeitsvorbereitung AV 29 (1992)1. München: Carl Hanser
        Verlag, 1992.

/13/   Bitran, G. R.; Marieni, David M.; Matsuo, Hirofumi; Noonan, James W.: Multi-
        plant MRP. In: Journal of Operations Management. Vol.5, No.2, February 198?.

/14/   Booch, C: Object Oriented Design with Applications. Redwood City:
        Benjamin/Cummings Publishing Company Inc., 1991.

/15/   Brantner, K.: Adaptierbares Leitsteuerungssystem für flexible Produktions-
        systeme. Dissertation Universität Stuttgart 1993. Berlin, Heidelberg: Springer-
        Verlag, 1993.

/16/   Buchanan, J. R.; Linowes, Richard G.: Das Konzept der distributierten
        Datenverarbeitung. In: Harvard manager, 1981.

/17/   Budde, R.; Kautz, K.; Kuhlenkamp, K.; Züllighoven, H.: Prototyping - An
        Approach to Evaolutionsary System Development. Berlin, Heidelberg, New York:
        Springer Verlag, 1992.

/18/   BULL: Artificial Intelligence - An Introduction to Charme. Bull S.A. Cedoc-Dilog;
        8P 110; 27101 Val de Reuil - Cedex.

/19/   Bullinger, H.-J.; Fähnrich, K.-P.: Benutzerschnittstellen in der Praxis. Seminar
        der Fa. Hewlett-Packard. Bad Homburg, 7.5.1992.

/20/ Bullinger, H.-J.; Fähnrich, K.-P.; Laubscher, H.-P.: A planning model for multi-site production - an objectoriented approach. In: Proceedings of the 13th international conference on production research. Jerusalem 6.-8. August 1995. London: Freund Publishing Company Ltd., 1995.

/21/ Bullinger, H.-J.; Otterbein, T.: Mit SW-Architekturen aus der Softwarekrise ?. In: Computerzeitung-Extra, 6.03.92.

/22/ Bullinger, H.-J.; Reim, F.; Rothkopf, B.: Verteilte Informationssysteme für das Produktionsmanagement. In: CIM Management 8 (1992)1. München: Oldenbourg Verlag, 1992.

/23/ Bundesanstalt für Arbeitsschutz: Leitstände für die Werkstattsteuerung - Erfahrungen, Konzepte und Realisierungsbeispiele. Ergebnisse des Verbund-projekts PLANLEIT. Fb 705. Bremerhaven: Wirtschaftsverlag NW, 1994.

/24/ Burckhardt, W.: Internationaler Entwicklungs- und Produktionsverbund durch informationstechnische Vernetzung. In: PTK '89, Produktionstechnisches Kolloquium Berlin 1989, Management für Technologie und Arbeit. Spur, G. (Hrsg.). Berlin, 1989.

/25/ Bürli, A.; Jaccottet, B.; Knolmayer, G.; Myrach, T.; Küng, P.: Vorgehen beim Aufbau von CIM-Datenmodellen. In: io Management Zeitschrift 61 (1992) Nr.12, S.82-86. Zürich: Verlag Industrielle Organisation BWI ETH, 1992.

/26/ Casavant, Th. L.; Kuhl, J.G.: A taxonomy of scheduling iun general-purpose distributed computing systems. In: IEEE Transactions on Software-Engineering 14 (1988) 2.

/27/ Catte, R.G.G.; Atwood, T.; Duhl, J.; Ferran, G.; Loomis, M.; Wade, D.: The Object Database Standard: ODMG-93. San Mateo; Morgan Kaufmann Publishers, 1994.

/28/ CIM-OSA: Open System Architecture for CIM. ESPRIT Consortium AMICE. Berlin: Springer. 1989.

/29/ Coad, P.; Yourdon, E.: Object-Oriented Analysis. Englewood Cliffs: Yourdon Press Computing Service published by Prentice Hall, 1990.

/30/ CUA: Systems Application Architecture Common User Access - Guide to User Interface Design. Cary (NC). IBM Corporation, SC34-4289-00.

/31/ Dangelmaier, W.: Materialbedarfs- und -beschaffungsplanung. In: PPS-Fachmann: Grundlagen, Planung, Steuerung. Band 2. Rationalisierungs-Kuratorium der Deutschen Wirtschaft e.V. (RKW) (Hrsg.). Köln: Verlag TÜV Rheinland, 1987.

/32/ Dangelmaier, W.; Braune, E.; Geck, K.; Hartmann, T.; Ketterer, N.; Schneider, U.; Ullmann, B.; Wiedenmann, H.: Objektorientierter Modellierungsansatz für eine regelbasierte Fertigungssteuerung. In: ZwF 88 (1993) 6. München: Carl Hanser Verlag, 1993.

/33/ Dangelmaier, W.; Wiedenmann, H.: Modell der Fertigungssteuerung. Reihe: Entwicklungen zur Normung von CIM. Warnecke, H.J.; Schuster, R. (Hrsg.). Berlin, Wien, Zürich: Beuth-Verlag. 1993.

/34/ Dechter, R.; Pearl, J.: Network-based heuristics for constraint satisfaction problems. In: Search in KI. Kanal and Kumar (Hrsg.). New York, Berlin: Springer Verlag. 1988.

/35/ DIN Deutsches Institut für Normung e.V. (Hrsg.): Software-Entwicklung, Programmierung, Dokumentation. Berlin, Köln: Beuth Verlag, 1989.

/36/ DIN Deutsches Institut für Normung e.V. (Hrsg.): Normung von Schnittstellen für die rechnerintegrierte Produktion: Standortbestimmung und Handlungsbedarf. Kommission Computer Integrated Manufacturing (KCIM). DIN Fachbericht 15. Berlin: Beuth Verlag, 1987.

/37/ DIN Deutsches Institut für Normung e.V. (Hrsg.): Schnittstellen in der rechner-integrierten Produktion (CIM) - Fertigungssteuerung und Auftragsabwicklung. Kommission Computer Integrated Manufacturing (KCIM) - DIN Fachbericht 21. Berlin: Beuth Verlag, 1989.

/38/ Dorninger; Janschek; Olearczik; Röhrenbacher: PPS - Produktionsplanung und Steuerung: Konzepte, Methoden und Kritik. Wien: Ueberreuter, 1990.

/39/   Dück, P.; Wenk, H.: Migration von herkömmlichen Anwendungssystemen in objektorientierte Architekturen. In: Objektorientierte Informationssysteme III. Bullinger, H.-J. (Hrsg.). Fraunhofer Institut für Arbeitswirtschaft und Organisation, Stuttgart. IAO-Forum 8.Juni 1993. Heidelberg, Berlin: Springer Verlag, 1993.

/40/   DUDEN: Rechtschreibung der deutschen Sprache und der Fremdwörter. Wiissenschaftlicher Rat der Dudenredaktion. Günther Drosdowski (Hrsg.). Mannheim, Wien, Zürich: Bibliographisches Institut, 1980.

/41/   Egbelu, P. J.: Route selection and flow control in a multi-stage manufacturing system with heterogeneous machines within stages. In: Int. J. Prod. Res. 1990. Vol.28, No.11, S.2137-2155. Taylor & Francis Ltd, 1990.

/42/   Egger, E.; Wedel, Th.: Sanierung oder Neueinsatz von PPS-Systemen - eine Schlüsselfrage der integrierten Auftragsabwicklung. In: Vernetzung von Produktionssteuerung und Logistik. Tagung 22. und 23.Oktober 1992 in München. Düsseldorf: VDI Verlag, 1992.

/43/   Erschler, J; Lopez, P.: Energy based approach for task scheduling under time and resources constraints. Rapport LAAS No 90124, April 1990. Toulouse: CNRS - Laboratoire d'Automatique et d'Analyse des Systemes, 1990.

/44/   Eversheim, W.: Organisation in der Produktionstechnik. Band 3: Arbeitsvorbereitung. Düsseldorf: VDI-Verlag, 1991.

/45/   Fandel, G.; François, P.; Gubitz, K.-M.: PPS-Systeme. Berlin, Heidelberg, New York, Tokyo: Springer-Verlag, 1994.

/46/   Fähnrich, K.-P.; Kärcher, M.: Betriebssysteme - Wer macht das Rennen?. In: Office Management 4/1990. Baden-Baden: FBO-Verlag, 1990.

/47/   Firesmith, D. G.: Object-oriented requirements analysis and logical design - a software engineering approach. New York: John Wiley & Sons, 1993.

/48/   Förderkreis Betriebswirtschaft: Wirtschaftliche Gestaltung der Fertigungslogistik. Förderkreis Betriebswirtschaft der Universität Stuttgart e.V. (Hrsg.). Stuttgart: Poeschel Verlag, 1988.

/49/   Fox, M.: Constraint-directed search: A case study of job-shop scheduling. Ph.D. Thesis. Pittsburgh: Carnegie Mellon University.,1983.

/50/   Franzius, H.: Die methodische Zuordnung von Fördermittel und innerbetriebliche Transportaufgabe. Dissertation. Technische Universität Hannover, 1972.

/51/   Gal, T.: Grundlagen des Operations Research. Tomas Gal (Hrsg.). Berlin, Heidelberg: Springer Verlag, 1987.

/52/   GFT: Handbuch für GRITplus. Sankt Georgen: GFT Gesellschaft für Technologietransfer GmbH, 1994.

/53/   Gries, E.: Logistik an drei Fronten. In: Automobil-Produktion, 12/ 1992.

/54/   Grünewald, C.; Schotten, M.: Planungselemente schwach ausgeprägt - PPS-Systeme werden komplexer. In: Computerzeitung Nr. 42, 21.Oktober 1993.

/55/   Grünewald, C.; Schotten, M.: Marktspiegel PPS-Systeme auf dem Prüfstand: überprüfte Leistungsprofile von Standard-EDV-Systemen für die Produktionsplanung und -steuerung (PPS). Köln: Verlag TÜV Rheinland, 1994.

/56/   Grupp, B.: Stücklisten- und Arbeitsplanorganisation mit Bildschirmeinsatz. Schriftenreihe Integrierte Datenverarbeitung in der Praxis Bd. 37. Wiesbaden: Forkel-Verlag, 1985.

/57/   Gück-Mügge, K.; Wiedenmann, H.: Das Informationsmodell der Fertigungssteuerung. In: Modell der Fertigungssteuerung. Warnecke, Schuster, DIN (Hrsg.). Berlin, Wien, Zürich: Beuth Verlag, 1993.

/58/   Günther, H.-O.: Netzplanorientierte Auftragsterminierung bei offener Fertigung. In: OR-Spektrum Nr. 14, 1992. Heidelberg, Berlin: Springer-Verlag, 1992.

/59/   Haller, S.: Entwicklung eines Planungsalgorithmus für verteilte Produktionsstrukturen. Studienarbeit. Universität Stuttgart. Institut für Arbeitswissenschaft und Technologiemanagement, 1992.

/60/   Hallmann, J.: PPS in der Kfz-Zulieferindustrie - Implementierungserfahrungen.
IBM Deutschland GmbH. Hannover.

/61/   Harhalakis, G.: The use of project scheduling for the manufacture of custom
made products. In: Advances in project scheduling. Slowinski R.; Weglarz, J.
(Hrsg.). Amsterdam: Elsevier, 1989.

/62/   Harrington, J.: Understanding the manufacturing process. Basel, New York:
Dekker, 1984.

/63/   Härtner, R.: Politik vieler Anbieter steht jetzt auf dem Prüfstand.
In: Computerzeitung, Nr. 42 / 21.Okt. 1993.

/64/   Horowitz, E.; Sahni, S.: Algorithmen - Entwurf und Analyse.
Berlin: Springer Verlag, 1981.

/65/   Huber, A.; Krallmann, H.: Zeitrepräsentation in der industriellen
Produktionsplanung und -steuerung. In: KI - Künstliche Intelligenz: Forschung,
Entwicklung und Erfahrung, 3/90. München: Oldenbourg Verlag, 1990.

/66/   Huthmann, A.: Individualisierbare heuristische Einplanung für rechnerbasierte
Leitstände. Dissertation, Universität Stuttgart. Berlin, Heidelberg, New-York,
London, Paris, Tokyo, Hong Kong, Barcelona, Budapest: Springer-Verlag, 1995.

/67/   Imo, I.I.; Das, D.: Multi-stage, multi-facility, batch production system with deter-
ministic demand over a finite time horizon. In: International Journal of Production Research 1983. Vol.21, No.4, S.587-596. London: Taylor & Francis Ltd.,
1983.

/68/   ISO TC 184 / SC5 / WG1: ISO Reference Model for Shop Floor Production
Standards: Part 2: The Application of the Reference Model for Standardisation
and Methodology to Industrial Automation Shop Floor Production Standards.
Washington DC, USA: ISO, ANS-NEMA, 1990.

/69/   ISO TC 184 / SC5 / WG1: Framework for Enterprise Modelling, (N282). 1992.

/70/   Jäger, H.: Die Bewertung von konzerninternen Lieferungen und Leistungen in der
operativen Planung. Heidelberg: Physica Verlag, 1987.

/71/   Janssen, C.: Dialogentwicklung für objektorientierte graphische Benutzungs-
schnittstellen. Dissertation, Universität Stuttgart. Berlin, Heidelberg, New-York,
London, Paris, Tokyo, Hong Kong, Barcelona, Budapest: Springer-Verlag, 1996.

/72/   Jaroenpuntaruk, J. ; Kroll, D.E.: A dissaggregation problem for a multiplant,
multiproduct scheduling problem. In: Production Planning & Control. 1991.
Vol.2, No.4, S.347-352. London: Taylor & Francis Ltd., 1991.

/73/   Junghanns, W.: Produktions-Programm-Planung. In: PPS-Fachmann. RKW
Rationalisierungskuratorium der deutschen Wirtschaft (Hrsg.): PPS-Fachmann
Band 4, Steuerung. Köln: Verlag TÜV Rheinland, 1987.

/74/   Klander, M.: Implementierung eines Planungsunterstützungswerkzeugs für
verteilte Produktionsstrukturen. Studienarbeit. Universität Stuttgart. Institut für
Arbeitswissenschaft und Technologiemanagement,1993.

/75/   Kroneberg, M.: Benutzerwerkzeuge an Fertigungssteuerungs-Leitständen.
Dissertation, Universität Stuttgart. Berlin, Heidelberg, New-York, London, Paris,
Tokyo, Hong Kong, Barcelona, Budapest: Springer-Verlag, 1995.

/76/   Kroneberg, M.: Ein Grobkonzept für Betriebsübergreifende Planungsprozesse.
Interner Bericht. Fraunhofer Institut für Arbeitswirtschaft und Organisation.
Stuttgart, 1989.

/77/   Kuhn, A.: Logistik, Just-In-Time, CIM, Lean-Production - Das Fazit einer aktuellen Fachdiskussion. In: Vernetzung von Produktionssteuerung und Logistik.
Tagung München, 22. und 23. Oktober 1992. Düsseldorf: VDI-Verlag, 1992.

/78/   Laubscher, H.-P.: Planungssysteme für Produktionsverbünde. In: Innovative
Logistiksysteme. Steinbeis-Zentrum Stuttgart, 21.02.1995.

/79/   Laubscher, H.-P.; Minkel, H.: Pflichtenheft für ein Planungssystem für dezentrale
Organisationsstrukturen. Interner Bericht. Fraunhofer Institut für
Arbeitswirtschaft und Organisation, Stuttgart. 1995.

/80/   Lee, Y.-J.; Zipkin, P. H.: Production control in a kanban-like system with defective
       outputs. In: International Journal of Production Economics, 28 (1992) 143- 155.
       Elsevier Science Publishers B.V., 1992.

/81/   Leisten, R.: Flowshop sequencing problems with limited buffer storage. In:
       International Journal of Production Research, Vol. 28 (1990) Nr. 11. Taylor &
       Francis, 1990.

/82/   Mather, H.: Computer-integrated Manufacturing Handbook. Teichholz, E.; Orr,
       J.N. (Hrsg.) . McGraw-Hill, 1987.

/83/   Mayer, J.: Auftragsbezogene Fertigung mit Leitsystem steuern. In: ZwF 87 (1992)
       2. München: Carl Hanser Verlag, 1992.

/84/   Mertins, K.: Einsatz von CASE-Tools in der Fertigungssteuerung. In: PPS '91.
       AWF-Ausschuß für wirtschaftliche Fertigung e.V. (Hrsg.). 1991.

/85/   Mertins, K.; Süssenguth, W.; Jochem, R.: Modellierungsmethoden für
       Rechnerintegrierte Produktionsprozesse. In: AV 31 (1994) 2.

/86/   Meyer, B.: Objektorientierte Software-Entwicklung. Wien: Verlag Carl Hanser,
       1990.

/87/   Meyer, B.: Object-Oriented Software Construction. Hertfordshire, England:
       Prentice Hall International, 1988.

/88/   Meyer, W.: Expert Systems in Factory Management: Knowledge-Based CIM.
       Chichester: Ellis Horwood Ltd., 1990.

/89/   Morito, S.; Salkin, H. M.: A dissaggregation problem and a search enumeration
       algorithm for a multiplant, multiproduct scheduling application. In: Disaggre-
       gation. Ritzman, L.P. et al. (Hrsg.). Boston, The Hague, London, 1979.

/90/   N.N. Logistik-Strategie. Unveröffentlichtes Strategiepapier der Automobilindustrie.
       VDA (Hrsg.). 1985.

/91/   Nakane, J.; Hall, R. W.: Management specs for stockless production. In: Harvard
       Business Review, 1984.

/92/   NCSA: HTML Introduction. National Center for Super Computing. Public Informa-
       tion Office. University of Illinois at Urbana-Champaign. East Springfield Avenue,
       1994.

/93/   Niefer, W.: Fertigung im Weltverbund aus der Sicht eines Automobilherstellers.

/94/   Nyhuis, F.: Rüstzeitanalyse - Voraussetzung für eine systematische Rüstzeit-
       reduzierung. Vortrag zum Fachseminar "Statistisch orientierte Fertigungs-
       steuerung" des Instituts für Fabrikanlagen der Universität Hannover am
       16./17.03.1982.

/95/   Oestereich, B.: Objektorientierte Softwareentwicklung: Ideen und Ansätze für
       Analyse, Design und Realisierung. In: GI - Softwaretechnik - Trends. Mitteilungen
       der Fachgruppen "Software-Engineering" und „Requirements-Engineering" Band
       12 Nov.1992. Bonn, 1992.

/96/   Otterbein, T.: Eine objektorientierte Architektur für Leitstände zur Feinplanung.
       Dissertation, Universität Stuttgart. Berlin, Heidelberg, New-York, London, Paris,
       Tokyo, Hong Kong, Barcelona, Budapest: Springer-Verlag, 1994.

/97/   Pawellek, G.; Hassel, P. v.: Simulation der Übergangszeiten zur Erhöhung der
       Datenqualität in PPS-Systemen. In: ZwF 88 (1993) 6. München: Carl Hanser
       Verlag, 1993.

/98/   Plaas, H.: Produktionsverbundsteuerung. In: Produktionsmanagement und
       Logistik. IPC '88 Saarbrücken. Klaus-J. Schmidt (Hrsg.). Management
       Information Center. Landsberg: Verlag Moderne Industrie, 1988.

/99/   Plaut, H.G.: Entwicklung der Plankostenrechnung. Jacob, H. (Hrsg.). 1976.

/100/ Pretzsch, H.-U.: Materialflußorientierte PPS-System. In: Produktions-Logistik
       10/1986.

/101/ Raether, C.: User Interface Management Systeme für portable Dialog-Entwicklung in heterogenen Systemumgebungen, In: Berichte aus dem Fraunhofer-Institut für Produktionstechnik und Automatisierung (IPA), Stuttgart, Fraunhofer-Institut für Arbeitswirtschaft und Organisation (IAO), Stuttgart, Institut für industrielle Fertigung und Fabrikbetrieb der Universität Stuttgart (IFF), und Institut für Arbeitswissenschaft und Technologiemanagement der Universität Stuttgart (IAT). Band T25: Software-Architekturen im Unternehmen. Berlin, Heidelberg: Springer-Verlag, 1992.

/102/ Renner, A.: Kostenorientierte Steuerung in flexibel automatisierten Produktionssystemen. Controlling Forschungsbericht Nr. 24. Betriebswirtschaftliches Institut der Universität Stuttgart, Lehrstuhl Controlling. Stuttgart, 1990.

/103/ Richter, H. W.: Kompetenz und Service - Herausforderungen und Marktchancen.

/104/ RKW Rationalisierungskuratorium der deutschen Wirtschaft (Hrsg.): PPS-Fachmann Band 1, Grundlagen. Köln: Verlag TÜV Rheinland, 1987.

/105/ Roos, E.: Informationsmodellierung für PPS-Systeme: Ein Konzept zur aufgabenorientierten Systementwicklung. Walter Eversheim (Hrsg.). Berlin, Heidelberg: Springer Verlag, 1992.

/106/ Rosenkötter, B.: Logistik in der Automobilindustrie - dargestellt am Beispiel der BMW AG. In: FB/IE 34 (1985) 1.

/107/ Rumbaugh, J.; Blaha, M.; Premerlani, W.; Eddy, F.; Lorensen, W.: Object-Oriented Modeling and Design. New Yersey: Prentice-Hall, 1991.

/108/ Saad, G. H.: Functional and hierarchical integration of multi-plant, multi-product production planning problems. Dissertation University of Pennsylvania, 1980.

/109/ Schaschinger, H.; Sikora, H.; Bäuchler, I.: Objektorientierte Analyse- und Designmethoden - Überblick und kritische Betrachtung. In: GI-SE - Softwaretechnik-Trends. Mitteilungen der Fachgruppe "Software-Engineering". Band 11 Heft 4 November 1991. Bonn: Gesellschaft für Informatik, 1991.

/110/ Scheer, A.-W.: Neue Architekturen für PPS-Systeme. In: CIM Management 1/92. München: Oldenbourg Verlag, 1992.

/111/ Scheer, A.-W.: Wirtschaftsinformatik: Informationssysteme im Industriebetrieb. Berlin, Heidelberg: Springer Verlag, 1988.

/112/ Schlonski, A.; Schmidt, K.: Internationale Produktionsverbünde als Wettbewerbsfaktor. In: VDI-Z 133 (1991) Nr.5. Düsseldorf: VDI-Verkag, 1991.

/113/ Schmidt, B.: Simulation von Produktionssystemen. In: Simulation in der Fertigungstechnik. K. Feldmann und B. Schmidt (Hrsg.). Berlin, Heidelberg: Springer Verlag, 1988.

/114/ Schmidt, B.: Transportmodelle. Berlin, Heidelberg: Springer Verlag, 1987.

/115/ Scholl, F.: Fertigung im Weltverbund aus der Sicht eines Zulieferers. In: Fertigungstechnisches Kolloquium, FTK ´88. Gesellschaft für Fertigungstechnik. Berlin: Springer Verlag, 1988.

/116/ Schotten, M.; Vogeler, C.: Produktionsplanung und -steuerung 1994: In FB/IE 43 (1994), S.52 - 62.

/117/ Semmelroggen, H. G. Logistikverbund in der Automobilindustrie. In: Logistik im Unternehmen. Seite 6-9, Oktober 1989.

/118/ Shlaer, S.; Mellor, S.: Object-Oriented Systems Analysis. Englewood Cliffs, New Yersey: Prentice Hall, 1988.

/119/ Spur, G.; Mertins, K.; Jochem R.: Integrierte Unternehmensmodellierung. Entwicklungen zur Normung von CIM. Warnecke, H.-J.; Schuster, R. und Deutsches Institut für Normung e.V. (Hrsg.). Berlin, Wien, Zürich: Beuth Verlag, 1993.

/120/ Stein, W.: Objektorientierte Analysemethoden - Vergelich, Bewertung, Auswahl. Mannheim, Leipzig, Wien, Zürich: BI - Wissenschaftsverlag, 1994.

/121/ Strickert, G.: Wohin geht die Entwicklung von PPS-Systemen. In: ZwF-CIM 88 (1993) 12. München: Carl Hanser Verlag, 1993.

/122/ Strunz, H.: Zur Begründung einer Lehre von der Architektur informations-
gestützter Informations- und Kommunikationssysteme. Wirtschaftsinformatik 32
(1990), Nr.5, S.439-445.

/123/ Stübig, H.: Logistikorientierte Unternehmenspolitik bzw. -strategie: Chancen im
und Chancen für den Betrieb. In: Berichtsband über den 2. Deutschen Logistik-
kongreß, Band 2. Berlin, 1985.

/124/ Taylor, D. A.: Objektorientierte Technologien. Ein Leitfaden für Manager. Bonn,
München, Paris: Addison-Wesley, 1992.

/125/ Timmermans, P.: Modular design of information systems for shop floor control.
Dissertation. Einhoven: Universität für Technologie, 1993.

/126/ Urban, G.: Logistik. In: Strategien und Entwicklungstendenzen der Produktion.
Vorlesungsmanuskript Technische Universität Cottbus. Stuttgart: Mercedes-Benz
AG, 1992.

/127/ Wahrig, G.: Deutsches Wörterbuch. Gütersloh: Bertelsmann Lexikon-Verlag.
1978.

/128/ Weigang-MCS: structura nova. Produktentwicklung Rel V-VIII. Leinfelden:
Weigang-MCS, 1994.

/129/ Wiendahl, H.-P.: Belastungsorientierte Fertigungssteuerung. München, Wien:
Carl Hanser Verlag. 1986.

/130/ Wiendahl, H.-P.; Voigts, Albert: Betriebsstättenplanung. In: PPS-Fachmann:
Grundlagen, Planung, Steuerung. Band 3. Rationalisierungs-Kuratorium der
Deutschen Wirtschaft e.V. (RKW) (Hrsg.). Köln: Verlag TÜV Rheinland, 1987.

/131/ Wildemann, H.: Produktionssynchrone Beschaffung. München: Verlag gfmt-
Gesellschaft für Management und Technologie-Verlags KG. 1988.

/132/ Wildemann, H.: Produktionssynchrone Beschaffung: Einführung und Leitfaden.
Zürich: Verlag Industrielle Organisation, 1988.

/133/ Wimmer, T.: Informationsunsicherheiten in Produktionsplanung- und
-steuerungssystemen der Großserienproduktion. Dissertation TU Berlin, 1988.

/134/ Wirfs-Brock, R.; Wilkerson, B.; Wiener, L.: Designing object-oriented Software.
Prentice Hall Englewood Cliffs N.J., 1990.

/135/ Yeomans, R.W.; Choudry, A.; Ten Hagen, P.J.W.: Design Rules for a CIM system.
Amsterdam: North-Holland, 1985.

/136/ Zäpfel, G.: Produktionswirtschaft - Operatives Produktions-Management. Berlin,
New York: Walter de Gruyter, 1982.

/137/ Zeilinger, P.: Realisierung von Just in Time bei BMW. In: Moderne Logistik und
Kommunikation im Rahmen von CIM am Beispiel der Automobilindustrie. Tagung
30.Nov. und 1.Dez.1988. Stuttgart: Actis, 1988.

/138/ Ziegler, J.: Eine Vorgehensweise zum objektorientierten Entwurf graphisch-
interaktiver Informationssysteme. Unveröffentlichte Dissertation. Institut für
Arbeitswissenschaft und Technologiemanagement. Universität Stuttgart. 1994.

/139/ Ziegler, J.; Ilg, Rolf: Benutzergerechte Software-Gestaltung - Standards,
Methoden und Werkzeuge. München, Wien: Oldenbourg Verlag, 1993.

/140/ Zimmermann, W.: Planungsrechnung und Entscheidungstechnik: Operations
Research Verfahren. Braunschweig: Vieweg, 1977.

A. Anhang: Mathematische Modelle

Mathematische Modelle stützen sich auf Anwendungsmodelle ab, d.h. sie geben einen Hinweis darauf, welche Bereiche der Anwendung beschrieben werden müssen. Es ist bei mathematischen Modellen von geringerer Wichtigkeit wie die Repräsentation im Informationsmodell erfolgt, sondern bedeutend, daß bestimmte Daten abzubilden sind. In mathematischen Modellen werden die mathematischen Zusammenhänge zwischen den Daten beschrieben. Im folgenden werden einige für die Anwendung in Produktionsverbünden erstellten mathematischen Modelle vorgestellt. Abb. A-1 faßt die verschiedenen Modelle zusammen.

	Bereich	Bitran	Jaro-enpun-taruk	Saad	AEG
Lager	Lagerkapazität	○	○	◑	◑
Lager	Lagermenge	◑	◑	◑	●
Lager	Lagerzeit	○	○	○	●
Lager	Lagerkosten	○	○	◑	◑
Transport	Transportkapazität	○	○	○	○
Transport	Transportmenge	●	○	●	●
Transport	Transportzeit	●	○	○	●
Transport	Transportkosten	●	○	●	●
Produktion	Maschinenkapazität	○	◑	◑	○
Produktion	Produktionskosten	○	◑	◑	◑
Produktion	Rüstkosten	○	○	○	○
Produktion	Rüstzeiten	○	◑	○	○
Produktion	Losgröße	○	○	○	○
	Belegungsmodelle	○	◑	○	◑
	Alternativen	○	○	○	◑

Legende: ● detaillierte Angaben ◑ globale Angaben ○ keine Angaben

Abb. A-1   Überblick über analytische Modelle (BITRAN et al. /13/, JARO-ENPUNTARUK et al. /72/, SAAD et al. /108/, MORITO et al. /89/, AEG et al. /1/)

Von BITRAN et al. /13/ wird ein Modell beschrieben, das aus einem PPS-System für einzelne Werke entwickelt wurde. Es soll eingesetzt werden, um die Betrachtung einzelner Werke als „Cost-Centers" sowie räumlich alternativ zu produzierender Erzeugnisse und die signifikanten Transportkosten in Produktionsverbünden und deren Planung zu ermöglichen.

Für die Bewertung konzerninterner Lieferungen geht JÄGER /70/ in einem betriebswirtschaftlich ausgerichteten Ansatz von den Transporten innerhalb eines Konzerns aus und unterstellt dabei stets „ausreichende Lagerkapazitäten". In einem zweiten Modell schränkt er die Betrachtung gar soweit ein, daß die explizite Berücksichtigung von Lagermengen und Lagerkosten nicht erforderlich sei.

JAROENPUNTARUK et al. /72/ beschreibt das mathematische Modell für die Planung eines Produktionsverbundes mit mehreren Produkten. Neben einem auf die Kapazität beschränkten Lagermodell führt er für die einzelnen Werke Rüstzeiten zwischen den Produkten sowie Produktionskosten auf. Transporte zwischen den Werken werden allerdings nicht berücksichtigt, da die Werke als nicht weit auseinanderliegend angenommen werden. Hauptgedanke des Modells ist die Schaffung einer Möglichkeit, die Allokation von Ressourcen zu optimieren.

Ebenso wie JAROENPUNTARUK spricht auch SAAD /108/ von einem aggregierten Plan für die Werke. Er bricht einen aggregierten Jahresplan auf Viertel-Jahrespläne und schließlich auf Wochenpläne herunter. Dabei bezieht er über die drei Ebenen der Planung Normal- und Überstunden-Arbeitskosten ebenso mit ein, wie Transportkosten und -mengen, Lagermenge, -kapazitäten und -kosten, sowie Rüstzeiten. Sicherlich stellt SAAD damit eines der umfassendsten Modelle auf, die für die Beschreibung eines Produktionsverbundes in der Literatur vorzufinden sind.

EGBELU /41/ formuliert die Planung eines Produktionsverbundes als ein Routen-Problem unter Einbeziehung von Transportzeiten und alternativen Maschinen, ohne aber die Beschränkung von Maschinen-, Transportkapazitäten o.ä. zu berücksichtigen. Die Lösung des Routen-/ Allokationsproblems sieht er als eine Optimierungsfrage an, die mit Hilfe geeigneter Losgrößen zu bewältigen ist. Allerdings werden Transport- und Produktionslose gleichgesetzt, d.h. ein vorhandenes Los wird von der ersten Maschine über sämtliche Transporte hinweg bis zur letzten Maschine beibehalten. Lager werden nicht betrachtet. Im Gegensatz zu den bereits erwähnten Autoren verwendet EGBELU keine Zeiträume, sondern Zeitpunkte als zentrale Zeiteinheit.

Die Auflösung von Transport- und Produktionslosen nimmt IMO /67/ vor. Er bezieht darüber hinaus auch möglichen Produktionsausschuß mit in die Rechnung ein und macht ihn abhängig von der Anzahl und der Art an Stationen über die das Produkt läuft, sowie der Losgröße. Neben diesen gegenüber den anderen Autoren erweiterten Modellierungsaspekten, reduziert IMO die Optimierungsfrage eines Produktionsverbundes auf ein Reihenfolge- und Losgrößenproblem.

MORITO et al. /89/ stellt einen Algorithmus vor, der neben alternativen Produktionsmöglichkeiten in verschiedenen Werken die Lagermenge und eine rüstzeitabhängige Ausbringungsmenge.

B. Anhang: Ressourcen

B.1 Einzelkapazität

Unter dem Begriff der Einzelkapazität sind einfache kapazitive Ressourcen zusammengefaßt. Solche sind

- Maschinen;
- Werkzeuge, Haltevorrichtungen und ähnliches;
- Menschen.

Sie haben ein kapazitives Verhalten: Sie werden für eine bestimmte Zeit benutzt und stehen anschließend wieder zur Verfügung (da sie hierbei nur einem geringfügigen Verschleiß unterliegen). Ihre Nutzung unterliegt äußeren starren Einflüssen, die vor allem durch Ruhepausen verursacht werden: Ein Mensch kann nur eine bestimmte Zeit pro Tag arbeiten, die nochmals für Pausen, z.B. zur Nahrungsaufnahme, unterbrochen wird. Maschinen haben keine so ausgeprägten Ruhezeiten, dafür aber gewisse Zyklen, innerhalb derer sie gewartet werden müssen.

Während Maschinen und Menschen auf den ersten Blick mit solch periodischem Verhalten beschrieben werden können, liegt das Verhalten bei Werkzeugen etwas komplizierter. Neben den periodischen Einflüssen unterliegen Werkzeuge vor allem dem Verschleiß und müssen zusätzlich abhängig von der jeweiligen Nutzung Ruhepausen (z.B. Zeiten zur Abkühlung etc.) erhalten. In einigen wenigen Fällen ist ein solches nutzungsabhängiges Verhalten auch bei Menschen und Maschinen gegeben.

B.2 Kapazitätsgruppen

Aufgrund der angestrebten Allgemeinheit der Leitstandsarchitektur muß diese auch in der Lage sein, größere Kapazitätseinheiten zu betrachten, die aus mehreren kleineren zusammengesetzt sind. Solche Einheiten sind z.B.:

- Homogene Maschinengruppe: Diese besteht aus gleichartigen Maschinen, die sich einander ersetzen können. Aufgrund ihrer Homogenität ist eine solche Gruppe leicht zu beschreiben. Die Kapazität einer solchen Gruppe ist die Addition der Teilkapazitäten.
- Inhomogene Maschinengruppe: Diese besteht aus nicht miteinander austauschbaren und damit sich ergänzenden Maschinen. Hier ist die verfügbare Kapazität stark abhängig von der auszuführenden Aufgabe. Eine realitätsgerechte Einplanung auf eine solche Gruppe kann nur

erfolgen, wenn entweder dem Einplanenden die genaue Kapazitäts- und Auslastungssituation der einzelnen Maschinen der Gruppe bekannt ist (was einer Planung von Einzelkapazitäten gleichkommt), oder die Gruppe selbst Aussagen über die Machbarkeit bestimmter Aufgaben macht (Anfrage-/Angebotsverfahren).

- Flexible Fertigungssysteme (FFS): Hier ist eine allgemeingültige Beschreibung des Planungsverhaltens aufgrund der großen Vielfalt am Markt befindlicher Systeme schwierig. Besonderes Problem dabei ist die Ausnutzung des durch das FFS gegebenen hohen Flexibilitätsgrades. Eine realitätsgetreue Einplanung kann nur bei exakter Kenntnis der technologischen Möglichkeiten oder durch die Verwendung des Anfrage-/Angebotsmechanismus erfolgen. Eine allgemeingültige Beschreibung der Kapazität und aufgrund dieser eine externe Verplanung ist dagegen nahezu unmöglich.

- Fertigungsinseln: Fertigungsinseln als Bezeichnung für Organisationseinheiten haben ein von Fall zu Fall unterschiedliches Verhalten, je nach Art ihrer inneren Organisation. Sie sind mit einer inhomogenen Maschinengruppe vergleichbar. Dabei zeichnen sie sich durch einen hohen Grad an Inhomogenität aus.

- Ganze Fabriken: Bei Betrachtung noch größerer Einheiten wie Fertigungsbereiche, ganze Fabriken etc. als Ressourcen ist das Einplanungsverhalten durch die starke Inhomogenität geprägt. Ohne exakte Kenntnisse über den inneren Aufbau solcher Einheiten und damit Beplanung der Einzelelemente ist eine realitätsgetreue Einplanung unmöglich.

B.3 Material

Material und damit alle Ausgangs-, Zwischen- und Endprodukte haben ein Verbrauchsverhalten: Durch eine Operation wird Material verbraucht oder - besser formuliert - in ein oder mehrere andere Materialien umgeformt. Ein Sonderfall existiert: Material wird manchmal durch eine Operation nicht verändert, d.h., es steht nach Beendigung der Operation unverändert zur Verfügung (z.B. Katalysatoren in der chemischen Industrie).

Eine Schwierigkeit bei der Repräsentation von Material im Rechner besteht darin, daß nicht immer eine eindeutige Identität vergeben werden kann, da die einzelnen Materialteile nicht erfaßbar sind. Dies liegt auf der einen Seite an der mangelnden Rentabilität einer solchen Erfassung, (z.B. lohnt es zumeist nicht, M5 Schrauben einzeln zu erfassen), andererseits aber auch an der mangelnden Diskretisierbarkeit des betreffenden Materials: Für bei kontinuierlichen Prozessen verwendete Flüssigkeiten ist eine Identität nicht realisierbar, denn diese ließe sich nur durch eine (astronomisch große) Menge extrem kleiner Volumeneinheiten (z.B. Moleküle, größter gemeinsamer Teiler der Mischverhältnisse auf Molekülbasis) aufteilen. Eine Kennzeichnung dieser kleinen Einheiten für eine spätere Identifikation ist unmöglich.

Hier kann eine Identitätsvergabe künstlich durch Zuordnung zu bestimmten Behältern (Chargen) o.ä. erfolgen. Solches Material ist dann durch den Materialtyp und die Menge, die in einer Charge ist, gekennzeichnet. Umgekehrt gibt es eine Reihe von festen Materialien, die durchaus einzeln mit einem bestimmten ID erfaßt und beschrieben werden sollen.

B.4 Programm

Durch ein Programm werden alle Arten von Ressourcen dargestellt, die eine Information und damit immaterieller Natur sind. Eine typische Ressource dieser Kategorie sind NC-Programme. Sie unterscheiden sich von den bisher vorgestellten Ressourcentypen durch ihr Einplanungsverhalten: Entweder sind sie nicht oder aber mit unbegrenzter Kapazität verfügbar.

Für NC-Programme ist zu beachten, inwieweit sie an bestimmte Maschinen oder Gruppen von Maschinen gekoppelt sind (z.B. alle Maschinen eines Herstellers oder alle Drehmaschinen). Da diese Zuordnung zumeist aufgabenabhängig ist, kann sie nicht als Attribut des NC-Programmes gehalten werden.

C. Anhang: Plausibilitätskriterien für Arbeitspläne

In den folgenden Abbildungen sind die Plausibilitätskriterien für die im Kapitel 8 diskutierten Arbeitsplan-Typen in einzelnen Blöcken zusammengefaßt. Die Angabe über die Anzahl an Ein- und Ausgangs-AP-Bedarfen gibt ausschließlich Auskunft über die Anzahl Stücklisten-relevanter AP-Bedarfe.

AP-Typ	AP-Bedarfstyp / Attribut	Eingangs-AP-Bedarf		Ausgangs-AP-Bedarf	Service-AP-Bedarf
Bearbeiten	Ressourcentyp	Material	verschieden Material		MeansOfProd.
	AP-Bedarfstyp	SIWPD		SOWPD	SWPD
	Anzahl Bedarfe	1		1	≥ 1
	Dauer	—		—	DurationRule
	Menge	QuantityRule		QuantityRule	QuantityRule
Montieren	Ressourcentyp	Material	verschieden Material		MeansOfProd.
	AP-Bedarfstyp	SIWPD		SOWPD	SWPD
	Anzahl Bedarfe	> 1		1	≥ 1
	Dauer	—		—	DurationRule
	Menge	QuantityRule		QuantityRule	QuantityRule
Prozeßfertigen	Ressourcentyp	Material	verschieden Material		MeansOfProd.
	AP-Bedarfstyp	MIWPD		MOWPD	SWPD
	Anzahl Bedarfe	> 1		≥ 1	≥ 1
	Dauer	—		—	DurationRule
	Menge	QuantityRule		QuantityRule	QuantityRule
	Mengenstrom	QuantityFlowRule		QuantityFlowRule	—
Legende:	— Angabe nicht sinnvoll bzw. vom Modell her nicht vorgesehen				

Abb. C-1   Plausibilitätskriterien für die Produktions-Arbeitspläne

AP-Typ		Attribut / AP-Bedarfstyp	Eingangs-AP-Bedarf	Ausgangs-AP-Bedarf	Service-AP-Bedarf
Pufferlagern	Einlagern	Ressourcentyp	Resource identisch Resource		Stock
		AP-Bedarfstyp	SIWPD	SOWPD	SWPD
		Anzahl Bedarfe	2	1	1
		Dauer	—	—	DurationRule
		Menge	$m(\,i1) + m(\,i2) = m(\,o)$		QuantityRule
	Auslagern	Ressourcentyp	Resource identisch Resource		Stock
		AP-Bedarfstyp	SIWPD	SOWPD	SWPD
		Anzahl Bedarfe	1	2	1
		Dauer	—	—	DurationRule
		Menge	$m(\,o1) + m(\,o2) = m(\,i)$		QuantityRule
Prozeßlagern	Einlagern	Ressourcentyp	Material identisch Material		Stock
		AP-Bedarfstyp	SIWPD / MIWPD	MOWPD	SWPD
		Anzahl Bedarfe	1 / 1	1	1
		Dauer	— / DurationRule		DurationRule
		Menge	$m(\,i1) + m(\,i2) = m(\,o)$		QuantityRule
		Mengenstrom	— / $\dot{m}(\,i2)$	$\dot{m}(\,o)$	—
	Auslagern	Ressourcentyp	Material identisch Material		Stock
		AP-Bedarfstyp	SIWPD	MOWPD	SWPD
		Anzahl Bedarfe	1	2	≥ 1
		Dauer	—	DurationRule	DurationRule
		Menge	$m(\,o1) + m(\,o2) = m(\,i)$		QuantityRule
		Mengenstrom	—	$\dot{m}(\,o1)$ / $\dot{m}(\,o2)$	—

Legende: —... Angabe nicht sinnvoll bzw. vom Modell her nicht vorgesehen   i...Input   o...Output

Abb. C-2   Plausibilitätskriterien für die Arbeitspläne „Pufferlagern und Prozeßlagern"

AP-Typ	Attribut / AP-Bedarfstyp	Eingangs-AP-Bedarf	Ausgangs-AP-Bedarf	Service-AP-Bedarf
Transportieren	Ressource	ArtificialResource = ArtificialResource		MeansOfTransp.
	AP-Bedarfstyp	SIWPD	SOWPD	TWPD
	Anzahl Bedarfe	1	1	1
	Dauer	—	—	DurationRule
	Menge	QuantityRule = QuantityRule		QuantityRule

Legende: — nicht sinnvoll, vom Modell nicht vorgesehen   = identisch

Abb. C-3   Plausibilitätskriterien für den Arbeitsplan „Transportieren"

AP-Typ	AP-Bedarfstyp / Attribut	Eingangs-AP-Bedarf	Ausgangs-AP-Bedarf	Service-AP-Bedarf
Splitten	Ressourcentyp	Material identisch Material		Resource
Splitten	AP-Bedarfstyp	SIWPD	SOWPD	SWPD
Splitten	Anzahl Bedarfe	1	2	≥ 1
Splitten	Dauer	—	—	DurationRule
Splitten	Menge	QuantityRule	QuantityRule	QuantityRule
Joinen	Ressourcentyp	Material identisch Material		Resource
Joinen	AP-Bedarfstyp	SIWPD	SOWPD	SWPD
Joinen	Anzahl Bedarfe	2	1	≥ 1
Joinen	Dauer	—	—	DurationRule
Joinen	Menge	QuantityRule	QuantityRule	QuantityRule
Kombinieren	Ressourcentyp	Capacity	ArtificialResource	Resource
Kombinieren	AP-Bedarfstyp	SIWPD	SOWPD	SWPD
Kombinieren	Anzahl Bedarfe	> 1	1	≥ 1
Kombinieren	Dauer	—	—	DurationRule
Kombinieren	Menge	QuantityRule	QuantityRule	QuantityRule
Zerlegen	Ressourcentyp	ArtificialResource	Capacity	Resource
Zerlegen	AP-Bedarfstyp	SIWPD	SOWPD	SWPD
Zerlegen	Anzahl Bedarfe	1	> 1	≥ 1
Zerlegen	Dauer	—	—	DurationRule
Zerlegen	Menge	QuantityRule	QuantityRule	QuantityRule
Legende:	— Angabe nicht sinnvoll bzw. vom Modell her nicht vorgesehen			

Abb. C-4   Plausibilitätskriterien für die Arbeitspläne „Splitten, Joinen, Kombinieren und Zerlegen"

D. Anhang: Einfluß von Kostenparametern

Einen Überblick über die Einschätzung des Einflusses der Kostenparameter Menge, Mengenstrom und Zeit auf AP-Bedarf- und Arbeitsplan-Typen gibt Abb. D-1.

Kostenwirkung \ Parameter		Menge	Mengenstrom	Zeit: absoluter Zeitpunkt	Zeit: relative Dauer
AP-Bedarf	Singular	●	○	◑	○
AP-Bedarf	Mutable	●	◑	◑	◑
AP-Bedarf	Service	●	○	◑	●
AP-Bedarf	Transport	●	○	◑	●
Arbeitsplan	Bearbeitung	●	○	◑	◑
Arbeitsplan	Montage	●	○	◑	◑
Arbeitsplan	Prozeß	●	◑	◑	◑
Arbeitsplan	Transport	◑	○	●	●
Arbeitsplan	Lager	◑	◑	○	●
Arbeitsplan	Split / Join	◑	○	◑	◑
Arbeitsplan	Rüsten / Abrüsten	◑	○	◑	◑

Legende: ○ ohne Einfluß ◑ geringer Einfluß ● hoher Einfluß

Abb. D-1 Einfluß verschiedener Kostenparameter auf AP-Bedarfs- und Arbeitsplan-Typen

E. Anhang: Datenbankanbindung

E.1 Überblick

Eine wesentliche Eigenschaft nicht trivialer Software ist die Persistenz. Diese erlaubt es, den aktuellen Status eines Programmlaufes auf ein nichtflüchtiges Medium zu sichern. Entsprechend der Anforderung kann die Sicherung entweder in einer benutzerspezifischen Datei erfolgen (im folgenden nicht weiter betrachtet), oder in einer Datenbank, welche von einem Datenbank-Managementsystem (DBMS) verwaltet wird. Je nach interner Struktur spricht man dabei von einer hierarchischen, einer relationalen oder von einer objektorientierten Datenbank, bzw. Datenbankmanagementsystem.

Für objektorientierte Applikationen bieten sich vor allem Realisierungen mittels objektorientierter Datenbankmanagementsysteme (ODBMS) an. Diese bieten eine enge semantische Ähnlichkeit zu den objektorientierten Programmiersprachen, unterstützen das objektorientierte Paradigma, und vermeiden den sogenannten „impedance mismatch", d.h. das Datenmodell in der Applikation und in der Datenbank sind identisch. Frühere Datenbankkonzepte (hierarchisch oder relational) machen stets ein zweites Datenmodell notwendig, welches parallel zum Datenmodell der Applikation gepflegt werden muß.

Auf dem noch relativ jungen Markt objektorientierter Datenbankmanagementsysteme (ODBMS) sind inzwischen mehrere Anbieter präsent; mit einem vermehrten Einsatz dieser Systeme in den nächsten Jahren kann gerechnet werden. Dennoch besteht oft die Notwendigkeit, objektorientierte Systeme an nicht objektorientierte Datenbanken anzubinden, vor allem dann, wenn bereits größere Datenbestände in relationaler oder hierarchischer Form vorliegen, deren Migration zu aufwendig oder einfach noch nicht erwünscht ist.

E.2 Schichtenmodell

Für die Anbindung der erstellten Anwendungsbausteine wurde ein Schichtenmodell erstellt, welches erlaubt, die Applikationsklassen unabhängig von der später verwendeten Strategie zur Datenhaltung zu schreiben. Dieses Schichtenmodell wurde in Abb. 10-2 dargestellt.

E.2.1 Applikationsschicht

In der Applikationsschicht wird die Anwendungswelt mit objektorientierten Methoden modelliert. Idealerweise sollte diese Schicht orthogonal zur Persistenz sein, d.h. persistente und nicht persistente Klassen sind auf dieser Ebene nicht zu unterscheiden. Die trifft bis auf folgende zwei Ausnahmen zu:

- jede Klasse, die persistente Objekte liefern soll, muß von der Basisklasse *FXAN_DBObject* abgeleitet werden
- jede Klasse muß mit Hilfe der Macros FX_DECLARECLASS(classname) und FX_DEFINECLASS(classname) (bzw. FX_DEFINETEMPLATECLASS (classname) bei Template-Klassen) auf die Zusammenarbeit mit dem Transaktionskonzept vorbereitet werden.

Diese Einschränkungen sind notwendig, um die Zusammenarbeit mit der darunterliegenden Transaktionsschicht zu ermöglichen.

E.2.2 Transaktionsschicht

Da nicht alle zugrundeliegenden Datenspeicher ein Transaktionsmanagement liefern, ist eine eigene Schicht vorgesehen, die ein solches Konzept gemäß ODMG-93 (CATTEL et al. /27/) implementiert. Der Anwendungsprogrammierer kann demnach mehrere geschachtelte Transaktionen starten, und die innerhalb dieser Transaktion manipulierten persistenten Objekte am Ende der Transaktion wahlweise verwerfen, bzw. in die Datenbank übernehmen. Verweise auf persistente Objekte erfolgen nicht mit Standard C++ Zeigern, sondern mit Hilfe von Ref-Objekten, die sich gewissermaßen wie intelligente Zeiger verhalten, und bei Bedarf ein Nachladen des Objektes bewirken, auf welches referenziert wird. Ein Nachladen erfolgt immer aus der äußeren Transaktion. Falls in der äußersten Transaktion das Objekt nicht vorhanden ist, wird das Objekt von der darunterliegenden Datenbank-Schnittstellenschicht angefordert, unabhängig davon ob das Objekt letztendlich in einer Flat-File Struktur, in einer hierarchischen oder relationalen Datenbank abgelegt ist. Wird ein ODMG-93 konformes ODBMS eingesetzt, dann wird die Transaktionsschicht und alle darunterliegenden Schichten durch dieses ODBMS abgedeckt.

Obwohl sich die Modellierung der Transaktionen und der Ref-Klasse an die Konventionen des ODMG-93 hält, liefert diese Schicht keine vollständige Implementierung des ODMG-93. Insbesondere fehlen Abfragekonstrukte sowie die Implementierung der Relationen.

E.2.3 Datenbank-Schnittstellenschicht

In dieser Schicht steht für jede persistente Applikationsklasse eine Abbildungsklasse zur Verfügung, die Objekte der dazugehörenden Applikationsklasse in Datenbank abbildet und umgekehrt. Neben diesen Abbildungsklassen gibt es auch noch eine Hierarchie von sogenannten Brückenklassen, die mit Hilfe polymorpher Methoden zur Laufzeit die Beziehung zwischen Applikationsklassen und Abbildungsklassen herstellen.

E.2.4 SQL-Schicht

Als übergreifender Standard kapselt SQL im Prinzip alle relationalen Datenbanken, die ein SQL-Interface bieten. Viele Produkte bieten jedoch herstellerspezifische Erweiterungen dieses Standards. Die Kapselung dieser Schicht wird dadurch aufgeweicht. Falls der Datenbank-Precompiler C++ nicht versteht, muß in dieser Schicht eventuell auf C-Ebene gearbeitet werden.

E.2.5 Datenbank-Schicht

Hier befindet sich die Datenbank bzw. das Datenbankmanagementsystem.

E.2.6 Speicherklassen

Ein wesentliches Merkmal des Persistenz-Modell ist die Orthogonalität zwischen Lebensdauer und Typ eines Objekts. Dies bedeutet, daß von einer Klasse, die persistente Objekte erzeugen kann, jederzeit auch transiente Objekte instanziiert werden können. Die Art der Initialisierung ordnet ein Objekt in eine der folgenden vier Speicherklassen ein, welche wiederum auch die Lebensdauer des Objekts beeinflußt.

Statisch:

Objekten mit statischer Dauer wird Speicherplatz zugewiesen, sobald die Programmausführung beginnt. Dieser Speicherplatz bleibt bis zum Programmende bestehen.

Lokal:

Objekte mit lokaler Lebensdauer werden automatisch auf dem Stack (oder Register) angelegt, sobald das Programm in einen einschließenden Block eintritt, und gelöscht, wenn sie diesen Block wieder verlassen. Man spricht deswegen auch von automatischen Objekten.

Dynamisch:

Objekte mit dynamischer Dauer werden während eines Programmlaufes mit speziellen Funktionen auf dem Heap angelegt und explizit wieder gelöscht (i.A. new und delete).

Persistent:

Persistente Objekte werden auf nicht flüchtigen Datenspeichern abgelegt, und existieren unabhängig von den sie erzeugenden oder manipulierenden Programmen.

F. Anhang: Überblick über die Klassen

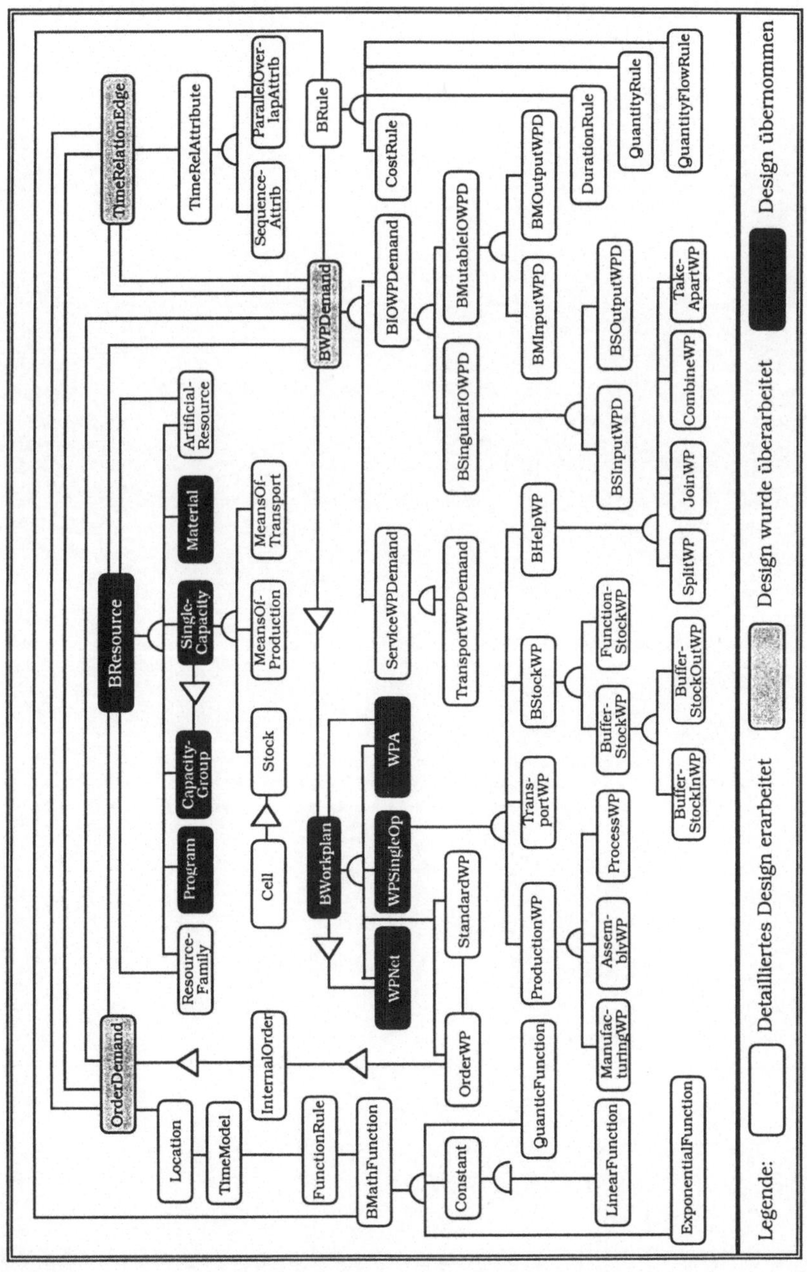

Abb. F-1   Überblick über Klassen

Lebenslauf

Persönliches

Hans-Peter Laubscher
geboren am 22.09.1964 in Mannheim

Schule

1971 - 1975	Grundschule, Korb
1975 - 1984	Salier Gymnasium, Waiblingen
Juli 1984	Abitur

Wehrdienst

1984 - 1985	Lichtmeßauswerter, Tauberbischofsheim
07/85 - 09/85	Obergefreiter, Hilfsausbilder

Studium und Praktika

1985 - 1990	Studium Maschinenbau, Universität Stuttgart
1985 / 1987	Firma Daimler-Benz AG, Stuttgart
1988	Firma Max Eimer, Korb
1989	Firma Alfred Kärcher, Winnenden
21. Dez. 1990	Diplom-Ingenieur Maschinenbau

Beruflicher Werdegang

1991	Freier Mitarbeiter am Fraunhofer Institut für Arbeitswirtschaft und Organisation, Stuttgart
1991 - 1995	Wissenschaftlicher Mitarbeiter am Institut für Arbeitswissenschaft und Technologiemanagement der Universität Stuttgart; zuletzt als Leiter der Gruppe Planungs- und Steuerungsysteme in der Produktionslogistik
1996	Leiter Markt-Strategie-Team Logistikinformationssysteme am Fraunhofer Institut für Arbeitswirtschaft und Organisation, Stuttgart
seit 09/1996	Referent des Geschäftsführers Produktion, TRUMPF GmbH + Co. Maschinenfabrik, Ditzingen